高等职业教育精品工程系列教材
职业技能认定系列教材

电工（四级）项目式教程

朱　楠　高建强　主　编

金浙良　周永坤　丁宏卫　覃　娟　副主编

電子工業出版社
Publishing House of Electronics Industry
北京 • BEIJING

内 容 简 介

本书是根据高等职业技术教育人才培养目标和职业技能认定的双重要求，结合最新的课程标准编写而成的一体化教材。

本书的主要内容包括：电工基础知识、常用电力拖动控制线路、常用工业机械电气控制线路的检修、电子技术。为了贯彻国家关于职业资格证书与学历证书并重、职业资格证书制度与国家就业制度相衔接的政策精神，本书涵盖了有关国家职业标准（电工初、中级）的知识和技能要求，确保毕业生达到相应等级技能人才的培养目标。

本书吸收和借鉴了浙江工业职业技术学院教学改革的成功经验，采用了理论知识与技能训练一体化的模式，使教材内容更加符合学生的认知规律，保证理论与实践的密切结合。

本书可以作为高等职业技术院校和高级技工学校电工技能训练的配套教材，也可作为职业高中和企业电工中级技术培训的教材及技术工人自学用书。

图书在版编目（CIP）数据

电工（四级）项目式教程 / 朱楠，高建强主编. —北京：电子工业出版社，2022.6
ISBN 978-7-121-43362-7

Ⅰ. ①电… Ⅱ. ①朱… ②高… Ⅲ. ①电工技术－高等职业教育－教材 Ⅳ. ①TM

中国版本图书馆 CIP 数据核字（2022）第 073625 号

责任编辑：郭乃明　　特约编辑：田学清
印　　刷：中煤（北京）印务有限公司
装　　订：中煤（北京）印务有限公司
出版发行：电子工业出版社
　　　　　北京市海淀区万寿路 173 信箱　邮编：100036
开　　本：787×1092　1/16　印张：11　字数：282 千字
版　　次：2022 年 6 月第 1 版
印　　次：2023 年 2 月第 2 次印刷
定　　价：35.00 元

凡所购买电子工业出版社图书有缺损问题，请向购买书店调换。若书店售缺，请与本社发行部联系，联系及邮购电话：（010）88254888，88258888。

质量投诉请发邮件至 zlts@phei.com.cn，盗版侵权举报请发邮件至 dbqq@phei.com.cn。

本书咨询联系方式：（010）88254561，guonm@phei.com.cn

前　言

本书在人才评价机制改革的大前提下，在中共中央办公厅、国务院办公厅印发的《关于分类推进人才评价机制改革的指导意见》（中办发［2018］6号文件）、人力资源和社会保障部关于改革完善技能人才评价制度的意见（人社部发［2019］90号文件）精神指导下，根据高职高专技能型人才培养的目标要求，践行“教、学、做、工”融合的人才培养模式，在浙江省高职高水平学校建设的基础上编写而成。

本书以企业常用电气设备的典型控制技术为主线，针对典型的工作岗位需求，开展面向基于工作过程和任务引领的课程内容，使学生学以致用。在教学过程中，采用“边学边练、学做结合”的教学模式，提高学生的实际应用能力和动手能力。

本书设计了4个任务驱动训练项目，每个项目分设若干个任务，每个任务设置了任务目标、任务描述、任务实施、安全注意事项、任务评价、知识链接等栏目，通过系统的“教、学、做”一体化训练后，可以切实提高学生的技能操作水平和综合应用能力。

本书具有以下特色：

1．采用“项目教学、任务驱动”的方式开发课题。

本书中的每个课题由任务目标、任务描述、任务实施、安全注意事项、任务评价、知识链接等部分构成。学生通过多个任务实践可学会电工（四级）所要求的操作技能。

2．坚持以“理实一体化”的原则编写教材。

本书将电工基础、电力拖动、电工仪表、电机与变压器、电子技术等相关核心知识点有机融入23个典型的工作任务中，使学生在完成任务的过程中实现对核心知识与技能的掌握，将理论与实践统一，将目标与能力统一。

3．构建职业认定式的教学评价体系。

本书有侧重点地对专业能力进行训练和检测，突出构建职业能力及职业素养的评价标准，并有机融入电工（四级）职业技能认定的评价体系，坚持“以生为本”，关注学生的可持续发展。

4．坚持“工学结合、校企合作”的原则。

本书的编写注重基于高职教材与课程建设的紧密结合、学校与企业的紧密结合，突出内容的先进性，较多地编入了企业实际应用的内容，以缩短学校教育与企业要求的距离，更好地满足企业的用人需求。

本书由浙江工业职业技术学院机电工程学院自动化技术教研室负责编写，参加编写的人员有朱楠、高建强、金浙良、周永坤、丁宏卫、姜磊、吴思俊、章建军。

在本书的编写过程中，编者查阅并参考了相关教材和厂家的文献资料，受到诸多启发，在此向相关资料的作者致以诚挚的谢意。

由于编者水平有限，本书中若有不当之处，敬请指正！

编者

2022年1月

目　录

项目一　电工基础知识

任务一　入门知识

任务目标

1．熟悉电工的作用和任务。

2．掌握电工安全基本知识、触电及触电急救的知识和技能。

3．了解电能的生产、输送和分配概况。

4．提高自我学习、信息处理、数字应用等方法能力，以及与人交流、与人合作、解决问题等社会能力，自查6S执行力。

任务描述

根据任务要求，学习各知识点内容。并按照触电急救的方法和步骤进行心肺复苏的训练。

任务实施

1．训练器材。

相关教材，心肺复苏模拟人。

2. 进行人工呼吸法、胸外心脏挤压法、单人徒手人工呼吸法、胸外心脏挤压法的练习。

安全注意事项

1．电工工具的绝缘层不可损坏。

2．使用验电器前必须验证，确认验电器无损坏。

3．使用电工刀时，刀口必须向外，用力应适当。

4．使用螺丝刀时，应用力适当，以防刀口滑出伤手，且不能将螺丝刀当作撬棍使用。

5．焊点要圆润、光滑，焊锡适量，没有虚焊。

6．剥导线绝缘层时不要损伤铜芯。要正确、牢靠地连接导线。

7．要将电烙铁放置在烙铁架上，防止烧热的电烙铁烧坏电源线的绝缘层。

任务评价

根据心肺复苏模拟人控制器的提示确认操作是否达标。

知识链接

一、电工的作用和任务

电工的职责是保证工厂中拖动各类生产机械运动的各种类型的电动机及其电气控制系统，以及生产、生活中的照明系统正常运行，这对提高劳动生产率和确保安全生产都具有重大作用。

1．电工的主要任务。

（1）照明线路和照明装置的安装；动力线路和各类电动机的安装；各种生产机械的电气控制线路的安装。

（2）各种电气线路、电气设备、电动机的日常保养、检查与维修。

（3）根据现代设备管理的要求，维修电工除按照预防为主、修理为辅的原则来降低故障发生率外，还要进行改善性的修理工作，针对设备的重复故障部位采取根治的办法，进行必要的改进。

（4）安装、调试和维修与生产过程自动化有关的电子设备。

2．电工应具备的条件。

（1）必须精神正常、身体健康。凡患有高血压、心脏疾病、气管喘息、神经系统疾病、色盲疾病、听力障碍等疾病及四肢功能有严重障碍者，均不能从事电工工作。

（2）必须是应知应会考试合格者。

（3）必须学会和掌握触电紧急救护法和人工呼吸法等。

二、电工安全基本知识

电工必须接受安全教育，在掌握电工基本的安全知识和工作范围内的安全操作规程后，才能参加电工的实际操作。

维修电工所应掌握的具体安全操作规程因工作内容不同会有所不同，在后面的各个课题中再进行介绍。

1．电流对人体的伤害作用。

电流对人体作用的规律可用于定量分析触电事故，更重要的是只有运用这些规律，才能科学地评价一些防触电措施和设备是否完善，才能科学地评定一些电器产品和电气规范是否适用、是否合格等。

（1）机理和征象。

电流通过人体时会破坏人体内的正常工作，主要表现为生物学效应。电流作用于人体包含热效应、化学效应和机械效应。小电流通过人体会引起麻感、针刺感、压迫感、打击感、痉挛、疼痛、呼吸困难、血压异常、昏迷、心律不齐、窒息、心室颤动等症状。数安以上的电流通过人体还可能导致严重的烧伤。

心室颤动是小电流电击致命最常见和最危险的原因。发生心室颤动时，心脏每分钟颤动 1000 次以上，但幅值很小，而且没有规则，血液实际上中止循环。电流通过心脏可直接作用于心肌，引起心室颤动；电流也可能经中枢神经系统反射引起心室颤动；机体缺氧也可能导致心室颤动；如果有电流通过胸部，持续时间较长，则可能引起窒息，进而由机体缺氧和中枢神经反射导致心室颤动或心脏停止跳动。

（2）电流对人体的伤害。

人体触及带电体，并使人体构成闭合电路的一部分，就会有电流通过人体，对人体造成伤害。电流对人体的伤害主要有电击和电伤两种。

1）电击：电流通过人体内部，直接对内部组织造成损害，这是最危险的触电伤害。由于电击时电流从身体内部通过，故触电者大多外伤并不明显，多数只留下几个放电斑点，这是电击的一大特征。人体遭电击后，引起的主要病理变化是心室纤维性颤动、呼吸麻痹及呼吸中枢衰竭等。特别是当电流直接经过神经组织中枢或心脏时，将会引起中枢神经系统失调或心室纤维性颤动，造成呼吸困难或心脏麻痹而死亡。

2）电伤：电流直接或间接对人体表面造成局部损伤。电伤包括灼伤、电烙印和皮肤金属化等。

灼伤是由电流的热效应引起的。最严重的灼伤是电弧对人体表面造成的直接烧伤，这种灼伤主要发生于高压触电中。

另一种常见的灼伤是由电弧的辐射热导致的附近人员的烧伤，或因飞溅而起的灼热熔化的金属粉末或热气浪对人体造成的烧伤。

电烙印是人体与带电部分接触时，在皮肤上形成的一种圆形或椭圆形的红肿。电烙印并不是由热效应引起的，而是由化学效应和机械效应引起的。

皮肤金属化是电伤中最轻微的一种伤害，它是由被电流熔化的金属微粒渗入皮肤表层所引起的。这时皮肤表面粗糙坚硬，使人有绷紧的感觉，一般不会造成严重后果。

触电是一个比较复杂的过程，在很多情况下，电击和电伤往往是同时发生的，只是绝大部分的触电死亡事故是由电击造成的。

资料表明，电击多发生在低压（对地电压在 250V 以下）系统，一是因为人们接触低压电器多，触低压电的可能性就大；二是低压电往往是在触及时触电，又发生在手上，这时手部痉挛，紧握带电体，不能摆脱，电流长期通过人体，就会造成综合性损伤——电击。对于 10～35kV 的高压，人体还未直接接触带电体，高压带电体就击穿空气间隙对人体放电，只要不是触电后倒在带电体上，就容易快速脱离电流，若不触电造成二次伤害，就不易致死，而是局部损伤。110kV 及其以上的电压在击穿空气间隙对人体放电时，因接地短路电流大，虽能及时脱离电流，也会造成大面积灼伤致死。

（3）电流对人体伤害程度的影响因素。

不同的人于不同时间、不同地点与同一根带电导线接触，后果将是千差万别的。这是因为电流对人体的作用受很多因素的影响。

1）电流大小的影响。

通过人体的电流越大，人的生理反应和病理反应越明显，引起心室颤动所需的时间越短，致命的危险性越高。按照人体呈现的状态，可将预期通过人体的电流分为三个级别。

a．感知电流：使人体有感觉的最小电流称为感知电流。实验表明，在一定的统计概率下，成年男性的工频平均感知电流约为 1.1mA，成年女性的工频平均感知电流约为 0.7mA；对于直流，成年人的平均感知电流约为 5mA。

b．摆脱电流：人体发生触电后能自行摆脱带电体的最大电流称为摆脱电流。摆脱电流值与人体的生理特征、与带电体的接触方式及电极形状等有关。根据实验统计，对于工频的平均摆脱电流，成年男性为 16mA 以下，成年女性为 10mA 以下；对于直流电，约为 50mA；

儿童的摆脱电流较小。

c．致命电流（室颤电流）：人体发生触电后，在较短时间内危及生命的最小电流称为致命电流。在低压触电事故中，心室颤动是触电致命的原因，因此，通常致命电流又称为心室颤动最小电流（室颤电流）。一般情况下，当通过人体的工频电流超过 50mA 时，心脏就会停止跳动，出现致命的危险。大量的试验研究资料表明，当电流大于 30mA 时，才有发生心室颤动的危险，因此可把 30mA 作为心室颤动电流的又一极限值，现代家庭用电设备的漏电电流一般设定为 30mA，就是基于这个道理，其他特殊用电设备、用电场所应符合以下要求，如 1 类电动工具、潮湿环境等，其漏电电流设定为 15mA 等。

2）电流持续时间的影响。

电流持续时间越长，电击危险性越大，其原因为：①电流持续时间越长，则体内积累的电能越多，伤害越严重，具体表现为室颤电流减小；②心电图上心脏收缩与舒张之间约 0.2s 是心脏易损期，电击持续时间越长，心脏易损期所受的电击次数越多，电击危险性越大；③随着电击持续时间延长，人体的电阻由于出汗、击穿、电解而下降，如果接触电压不变，则流经人体的电流必然增加，电击危险性也随之增大；④电击持续时间越长，中枢神经反射越强烈，电击危险性越大。

3）电流途径的影响。

人体在电流的作用下没有绝对安全的途径。电流通过心脏会引起心室颤动，甚至导致心脏停止跳动而死亡；电流通过中枢神经及有关部位会引起中枢神经强烈失调而导致死亡；电流通过头部，严重损伤大脑，亦可能使人昏迷不醒而死亡；电流通过脊髓会使人截瘫；电流通过人的局部肢体亦可能引起中枢神经的强烈反射而导致严重后果。

流过心脏的电流越多、电流路线越短，电击危险性越大。

从左手到胸部及从左手到右脚是最危险的电流途径；从右手到胸部、从右手到左脚、手到手等都是很危险的电流途径，从脚到脚的电流途径一般危险性较小，但可能导致人因痉挛而摔倒，导致电流通过人体全身的要害部位，同样会造成严重后果。

4）电源频率的影响。

电流的频率对触电者的伤害程度有直接影响。50～60Hz 的交流电对人体的伤害程度最大，当电流的频率低于 50Hz 或高于 60Hz 时，它的伤害程度会显著减轻。对于直流电来说，它的伤害程度要远比 50～60Hz 的交流电小，人体对直流电的极限忍耐电流值约为 100mA。

5）电压高、低的影响。

触电电压越高，通过人体的电流越大，危险性越大。由于通过人体的电流与作用于人体的电压并非线性关系，随着作用于人体的电压逐渐升高，人体的电阻急剧下降，致使电流迅速增大，从而对人体的伤害更为严重。1000V 以上的高电压触电还会伴随弧光烧伤、击穿，甚至引起心肌纤维断裂，因此后果更为严重。

6）人体电阻及健康状况的影响。

人体触电时，人体电阻值与流经人体的电流成反比。人体电阻越小，流过人体的电流越大，伤害程度也越大；人体电阻越大，流过人体的电流越小，伤害程度也相应减小。

在干燥条件下，人体电阻约为 1000～3000Ω，皮肤损伤、皮肤表面沾有导电性粉尘、接触压力增大、电流持续时间延长、接触面积增大等都会使人体阻抗下降。潮湿条件下的人体阻抗约为干燥条件下的 1/2。

人体的健康状况和精神状态正常与否对于触电后果也有一定的影响，如患有心脏病、神经系统疾病、结核病或醉酒的人因触电受伤害的程度要比正常人严重。另外，性别和年龄的不同对触电后果也有不同程度的影响，如女性比男性敏感、小孩遭受电击比成人危险等。

2．人体触电的方式。

按照发生触电时电气设备的状态，触电可分为直接接触触电和间接接触触电。直接接触触电是触及设备和线路正常运行时的带电体时发生的触电（如误触接线端子时发生的触电），也称为正常状态下的触电。间接接触触电是触及正常状态下不带电，而当设备或线路故障时意外带电的导体而发生的触电（如触及漏电设备的外壳而发生的触电），也称为故障状态下的触电。由于二者发生事故的条件不同，所以防护技术也不相同。

（1）直接接触触电。

直接接触触电的特点是：人体的接触电压就是运行设备的工作电压；人体触及带电体造成的故障电流就是人体的触电电流。

实际上，直接接触触电时，人体成为闭合电路的组成部分，使人体的某一局部相当于电路中的负载阻抗，由于人体电阻较小（一般在 500～3000Ω 之间），因此通过人体的电流往往比较高，在 380/220V 的低压配电系统中，可能会达到数百毫安（远大于 50mA 的致命电流），因此危险性大，直接接触触电是伤害程度非常严重的一种触电形式。直接接触触电发生的原因主要有以下两种情况：一是由误碰或误接近带电设备造成，二是由于停电检修作业时未装设临时接地线，突然来电，造成触电。根据人体与带电体的接触方式的不同，直接接触触电分为单相触电和两相触电两种，如图 1-1 和图 1-2 所示。

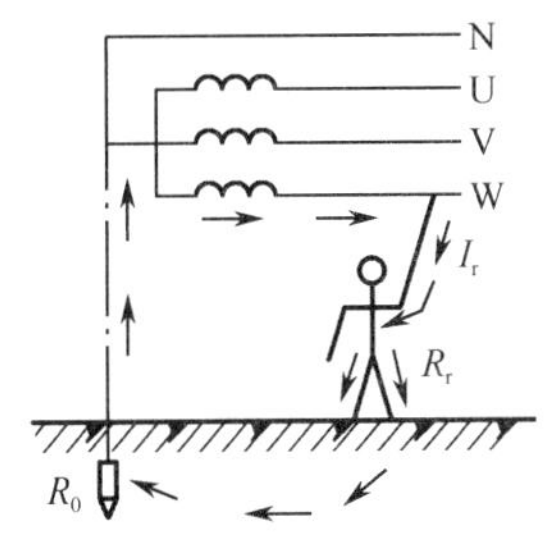

（a）中性点接地系统的单相触电　（b）中性点不接地系统的单相触电

图 1-1　单相触电示意图

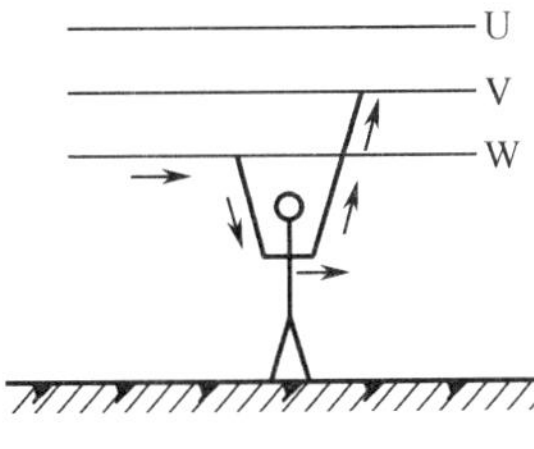

图 1-2　两相触电示意图

1）单相触电。

单相触电是指人体接触地面或其他接地体，人体某一部分触及一相带电体的触电事故。

对于高压带电体，人体虽未直接接触，但如果安全距离不够，高压带电体对人体放电，会造成单相接地引起的触电，也属于单相触电。在触电事故中，大部分属于单相触电。

单相触电的危险程度是由电压的高低、绝缘情况、电网的中性点是否接地和每相对地电容的大小等决定的。中性点接地系统的单相触电比中性点不接地系统的危险性大。

如图 1-1（a）所示，通过人体的电流为

$$I_r = \frac{U}{R_r + R_0}$$

式中，I_r—流过人体的触电电流；

U—相线对地电压，即相电压；

R_r—人体电阻；

R_0—电网中性点接地电阻。

因为 R_0 与 R_r 相比很小，可忽略不计，因此

$$I_r \approx \frac{U}{R_r}$$

从上式可以看出，若此时人体电阻以 1000Ω 计算，则在 220V 中性点接地的电网中发生单相触电时，流过人体的电流将达到 220mA，已远远超过人体所能承受的数值。就是在 110V 的系统中触电时，通过人体的电流也达到 110mA，仍然危及生命安全，若是人体在绝缘板上或穿绝缘鞋，则人体与大地间的电阻会变得很大，通过人体的电流将很小，就不会造成触电危险了。

在中性点不接地的电网中，触电情形如图 1-1（b）所示，当人体触及某相时，如图 1-1（b）中的 W 相，此时加在人体上的电压取决于另两相对地绝缘阻抗及其他因素。假设 U 相对地绝缘情况以绝缘阻抗 Z_U 来表示（包含 U 相对地绝缘电阻和分布电容），V 相对地绝缘情况以绝缘阻抗 Z_V 来表示（包含 V 相对地绝缘电阻和分布电容），这时可能有两个回路的电流通过人体，这两个回路承受的电压都是 380V 的线电压，如果线路的绝缘水平比较高，即绝缘电阻比较大，且电网分布不太复杂，线路短路时，通过人体的电流较小。在低压线路绝缘水平正常的情况下，加在人体上的电压一般不超过 10V，所以中性点不接地电网降低了人体触电的危险性。但是如果线路庞杂，距离很长，因对地分布电容较大，整体绝缘水平下降，中性点不接地的低电压电网对人的危险性仍然是很大的。

2）两相触电。

两相触电是指人体的两处同时接触带电的两相电源的触电。两相触电时，不管电网的中性点是否接地，人体与地是否绝缘，人体都会触电。此时相与相之间以人体作为负载形成回路，流过人体的电流完全取决于电网的线电压和人体电阻。这种方式的触电比单相触电更危险。

（2）间接接触触电。

1）跨步电压触电。

当电气设备或线路发生接地故障时。接地故障电流 I_D 通过接地体向大地流散，在大地表面形成分布电位 U_e（在接地体近端电位最高，离接地体越远电位越低，距接地体 20m 以上时电位趋于零），此时如果有人在接地体附近行走，则两脚之间的电位差 U_S 就是跨步电压（如图 1-3 所示）。因跨步电压引起的触电称为跨步电压触电。人体受到跨步电压触电

时，触电电流沿着人的下身，从脚到脚与大地形成回路，触电时人的双脚发麻或抽筋，并很快倒在地上。跌倒后，由于头脚之间的距离大，使作用于人身体上的电压增大，电流相应增大，并有可能使电流通过人体内部的重要器官而造成致命的危险。

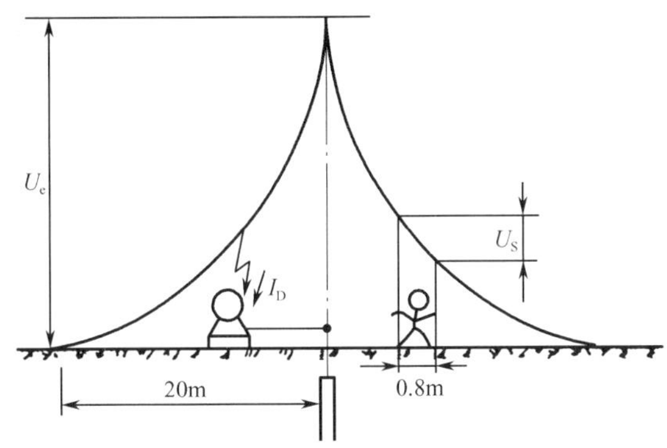

图 1-3　跨步电压触电的电位差分布示意图

2）接触电压触电。

接触电压是指人站在发生接地短路故障的设备的旁边，人手触及设备外壳时手与脚两点间的电位差。由于接触电压而引起的人体触电称为接触电压触电。

接触电压的大小随人体站立点的位置的不同而变化。人体距离接地短路设备越远，电压越高，当人体站在距接地点 20 米以外与带电体接触时，其值等于带电体对地电压；当人体站在接地点与设备外壳接触时，接触电压为零。

3）感应电压触电。

带电设备的电磁感应和静电感应能使附近的停电设备上感应一定的电位，其数值的大小取决于带电设备电压的高低、停电设备与带电设备两者间的平行距离、几何形状等因素。感应电压的出现往往会使电气工作者缺乏思想准备，因此，具有相当大的危险性，在电力系统中，感应电压触电事故屡次发生，甚至会造成伤亡事故。

4）剩余电荷触电。

电气设备的相间绝缘和对地绝缘都存在电容效应，由于电容器具有储存电荷的性能，因此，在刚断开电源的停电设备上都会保留一定量的电荷，称为剩余电荷，如果此时有人触及停电设备，就可能遭受剩余电荷触电。另外，大容量电气设备（变压器、电动机等）、电力电缆、并联电容器等在摇测绝缘电阻后或耐压试验后都会存在剩余电荷。设备容量越大，电缆线路越长，这种剩余电荷的积累电压越高。因此在绝缘电阻摇测或耐压试验工作结束后，必须注意充分放电，以防剩余电荷触电。

5）静电触电。

静电是一种自然现象，随着科学技术的发展，静电在生产实践中已被人们广泛利用。但是，静电能引起爆炸、火灾，也能对人体造成电击伤害。

静电具有电压很高、能量不大、静电感应和尖端放电等特点，当人体靠近带静电的物体或带静电荷的人体接近接地体时，会发生放电，使人遭受电击，造成伤害。由于静电电击不是电流持续通过人体的电击，而是静电放电造成的瞬间冲击性电击，能量较小，因此通常不会造成人体心室颤动而使人死亡，但是往往会造成二次伤害（如高空坠落或其他机械性伤害），因此静电触电同样具有相当大的危险性。

3．触电事故的一般规律。

触电事故的发生往往很突然，而且在极短的时间内会造成严重的后果。但触电事故也有一些规律。根据这些规律可以减少和防止触电事故发生。触电事故通常有以下规律。

（1）一年中，6 月到 9 月的触电事故多。统计资料表明，每年二、三季度的触电事故较多，特别是 6 月到 9 月，事故最为集中。主要原因是这段时间天气炎热，人体衣单而多汗，触电危险性较大；而且这段时间多雨、潮湿、地面导电性增强，电气设备的绝缘电阻降低；其次，这段时间是农忙季节，农村用电量增加，因此触电事故增多。

（2）低压设备触电事故多。统计资料表明，低压触电事故远远多于高压触电事故。其主要原因是低压设备远远多于高压设备，与低压设备接触的人比与高压设备接触的人多得多，而且相关人员缺乏电气安全知识。应当指出，在专业电工中，情况往往是相反的，即高压触电事故比低压触电事故多。

（3）携带式设备和移动式设备的触电事故多。其主要原因是这些设备在人的紧握之下运行，不但接触电阻小，而且一旦触电就难以摆脱电源；另一方面，这些设备需要经常移动，工作条件差，设备和电源线都容易发生故障或损坏；此外，单相携带式设备的 PE 线与 N 线容易接错，从而造成触电事故。

（4）电气连接部位的触电事故多。大量触电事故的统计资料表明，很多触电事故发生在接线端子、缠接接头、压接接头、焊接接头、电缆头、灯座、插销、插座、控制开关、接触器、熔断器等分支线、接户线处，主要是由于这些连接部位的机械强度较差、接触电阻较大、绝缘强度较低及可能发生化学反应。

（5）冶金、矿业、建筑、机械行业的触电事故多。由于这些行业的生产现场经常伴有潮湿、高温、现场混乱，以及移动式设备、携带式设备、金属设备多等不安全因素，以致触电事故多。

（6）中青年工人、非专业电工、合同工和临时工的触电事故多。其主要原因是这些人是主要操作者，经常接触电气设备；而且，这些人经验不足，缺乏电气安全知识，其中有些人的责任心还不够强，以致触电事故多。

（7）农村触电事故多。部分省市统计资料表明，农村触电事故约为城市的 3 倍。

（8）错误操作和违章作业造成的触电事故多。其主要原因是安全教育不够、安全制度不严和安全措施不完善。

从造成事故的原因方面看，电气设备或电气线路安装不符合要求会直接造成触电事故；电气设备运行管理不当，使绝缘层损坏而漏电，又没有切实有效的安全措施，也会造成触电事故；制度不完善，违章作业，特别是非电工擅自处理电气故障，很容易造成电气事故；接线错误，特别是插头、插座接线错误，也会造成很多触电事故；高压线断落接地，以触地点为圆心形成一个圆形的地电阻，当人走进电流范围内时，左右脚之间形成跨步电压，若此电压足够高，就会造成跨步电压触电事故。应当注意，很多触电事故都不是由单一原因造成的，而是由两个及两个以上的原因造成的。

触电事故的规律不是一成不变的。在一定的条件下，触电事故的规律也会发生一定的变化。例如，低压触电事故多于高压触电事故在一般情况下是成立的，但对于专业电气工作人员来说，情况往往是相反的。因此，应当在实践中不断分析和总结触电事故的规律，为做好电气安全工作积累经验。

4．触电防护技术。

人身触电伤亡事故主要由以下 3 个基本因素促成。

1）人体成了闭合电路的一部分，人体的一部分相当于电路中的负载阻抗。

2）在人体的某两个部位之间施加了一个足以危及人身安全的接触电压。

3）在一断持续时间间隔内，有一个足以危及人身安全的电流值（致命电流）通过人体。

现代的各种触电防护技术手段都是立足于控制、改变上述三个基本因素来实现的。例如，各种电气设备的绝缘措施，操作人员穿绝缘鞋、戴绝缘手套、垫绝缘垫，进行检修作业时使用基本绝缘工具及小容量低压配电系统，采用中性点不接地方式等，都是为了使人在触及带电体时不会构成闭合电路。电气设备外壳或架构采用接地或接零，或采用 36V 及以下的安全电压，是为了降低接触电压。采用迅速切断漏电电源的自动开关（如漏电保护器等）是为了限制触电者接触电源的持续时间，以确保在发生人身触电时，使人在尚未危及人身安全时脱离电源。

国际电工技术委员会（IEC）把人身触电概括为直接接触和间接接触两类。因此，有关触电保护技术也被归纳为直接接触触电防护和间接接触触电防护两方面。

（1）直接接触触电防护。

防止直接接触触电是一切电气设备在设计、制造、安装和使用中所必须保证满足的基本要求，是制订标准和规程的基本出发点。任何电气设备、装置及电气工程都必须采取可靠措施，用来防止人体偶然触及或过分接近带电的导体。有关防止直接接触触电的防护措施概括起来有下列几方面。

1）利用绝缘材料的完全防护。

这种防护就是利用绝缘材料（如瓷、云母、橡胶、胶木、塑料、纸、布等）把带电导体完全包起来，从而保证在正常工作条件下，人体不触及带电导体。这种防护对绝缘设计有要求，保证在运行中能长期经受电气、机械、化学和发热等造成的影响，且绝缘性能应继续有效。任何电气设备和装置都应根据使用环境和应用条件（如电压等级、固定使用或移动使用等）采用相应等级的绝缘材料。低压电气设备的绝缘性能通常通过测量绝缘电阻和进行耐压试验来判断。

2）利用屏护的防护。

屏护是指采用屏护装置控制不安全因素，如将电气设备的带电部分采用护罩、护盖、箱匣、遮栏等与外界隔绝开来，如铁壳开关、磁力启动器，电动机的金属外壳和装置式自动空气断路器的塑料外壳等，都是用来防护直接接触触电的措施。这些屏护装置既是防止触电措施，还是防止电弧伤人、电弧短路的重要措施，因此，在正常使用条件下，不准随便拆除。遮栏通常是用来防止人体接近带电体而设置的。例如，高压设备往往很难做到全部绝缘，如果人接近至一定距离，即会发生电弧放电触电事故。因此，无论高压设备是否绝缘，均应采用遮栏或其他屏护措施，如对于安装在室外地上的配电变压器及安装在车间或公共场所的变配电装置，都要装设遮栏作为屏护，在邻近带电体的作业中，要在工作人员与带电体之间设置临时遮栏，以保证检修工作的安全，这种检修用遮栏通常采用干燥的木材或其他绝缘材料制成。

3）间距防护。

所谓间距防护，就是将可能触及的带电体置于可能触及的范围之外，保证人体和带电体有一定的安全距离，防止人体无意接触或过分接近带电体。安全距离的大小取决于电压的高低、设备的类型、使用环境及安装方式等因素。例如，在电气安装标准中规定了低压架空线路对地面、水面、树木、建筑物的安全距离。

人体遮栏和绝缘板与带电体间的最小安全距离如表 1-1 所示。

表 1-1　人体遮栏和绝缘板与带电体间的最小安全距离

电压等级/kV	安全距离/m	
	无遮栏	有遮栏
1 及 1 以下	0.10	—
10	0.70	0.35
35	1.00	0.60
110	1.5	1.50
220	3.00	3.00

4）采用安全电压防护。

a. 安全电压的定义。所谓安全电压，就是把可能加在人身上的电压限制在某一范围内，使得在这种电压下，通过人体的电流在短时间内不会使人有生命危险，我国规定了工频安全电压的上限值，即在任何情况下，两导体间或任一导体与地之间均不得超过的工频有效值为 50V。

b. 安全电压值的规定及应用。根据我国的具体条件和环境，规定安全电压额定值有 42V、36V、24V、12V、6V 几种，具体应用范围如下：携带式照明、隧道照明、机床照明、距离地面高度不足 2.5m 的工厂照明，以及在危险环境下使用的部分手持电动工具等，如无特殊安全结构或安全措施，均应采用 36V 的安全电压；在地方狭窄、工作不便、潮湿阴暗的场所，如金属容器内、矿井内、隧道内及工作面周围有大面积金属导体的危险环境中，应采用 24V 及以下的安全电压。在“安全电压”国家标准中，还进一步规定，当电气设备采用 24V 以上的安全电压时，还必须采取其他防止直接接触带电体的防护措施，也就是说，当采用了 24V 及以下的电压作为额定工作电压时，这种措施本身已满足了直接接触的保护要求。水下作业等场所应采用 6V 的安全电压。

c. 安全电源的选用。为取得安全电压，必须要有一个提供安全电压的电源供电，主要的电源是安全隔离变压器，要求这种安全隔离变压器的一、二次绕组之间有良好的绝缘，要采用更高级别的耐压试验电压值，并在一、二次绕组之间增加接地屏蔽层，或者将一、二次绕组分别装在两个铁芯柱上，以防一次电压在发生绝缘击穿等故障时，高压窜入二次回路，为保证安全，二次回路不得与其他回路及大地有任何连接（如图 1-4 所示）。但是变压器的外壳及其一、二次绕组之间的屏蔽层应按规定接地或接零。为了进行短路保护，安全隔离变压器的一、二次绕组均应装设熔断器。根据上述要求可知，自耦变压器、分压器等电源不能作为安全电压的供电电源。

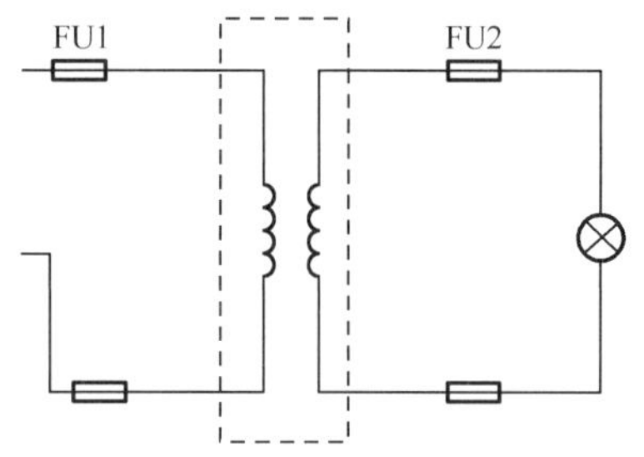

图 1-4　安全隔离变压器

（2）间接接触触电防护。

间接接触触电防护的目的是防止在电气设备发生故障的情况下发生人身触电事故，同时，也要防止电气设备的故障进一步扩大而引起更严重的设备事故。目前，为防止间接接触触电，主要方法如下。

1）自动切断电源的保护，当电气设备发生绝缘损坏而构成接地短路故障时，设法将出现故障的电路的电源自动切断。

2）降低接触电压，当电气设备发生绝缘损坏而使金属外壳带电时，应设法降低金属外壳的对地电压。目前，主要采用接地保护、接零保护及等电位联结均压等技术措施。

5．电工作业的安全措施。

从事电工作业必须坚持贯彻“安全第一，预防为主”的方针，克服盲目的作业方式和侥幸麻痹心理。由于电能生产和使用的特殊性，稍有疏忽就有可能酿成大祸，造成生命和财产的损失，为此在电工作业中必须执行行之有效的组织措施和技术措施。

（1）保证安全的组织措施。

在全部停电或部分停电的电气设备上作业时，保证安全的组织措施有：工作票制度；工作许可制度；工作监护制度；工作间断、转移、终结和恢复送电制度。

1）工作票制度。

工作票是准许在电气设备上工作的书面命令，也是明确安全职责、向工作人员安全交底、履行工作许可手续及实施安全技术措施等的书面依据。工作票分为第一种工作票和第二种工作票两种。

在高压设备或高压线路上工作需要全部停电或部分停电者，以及在高压室内的二次回路和照明等回路上的工作，需要高压设备停电或需要采取安全措施者，应填用第一种工作票。

在带电作业或带电设备外壳上的工作，在控制盘、低压配电盘、配电箱、电源干线上的工作，以及在无须高压设备停电的二次回路上的工作，应填用第二种工作票。

工作票签发人应由熟悉业务、熟悉现场电气系统设备情况、熟悉安全规程并具备相应技术水平的人员担任。工作票签发人必须对工作人员的安全负责，应在工作票中填明应拉开开关、应装设临时接地线及其他所有应采取的安全措施。工作负责人应在工作票上填写检修项目、工作地点、停电范围、计划工作时间等有关内容，必要时应绘制简图。工作许可人应按工作票停电，并完成有关的安全措施。然后，工作许可人应向工作负责人交代并一起检查停电范围和安全措施，并指明带电部位，说明有关安全注意事项，移交工作现场，双方签名后才能工作。工作完毕后，工作人员应清理现场，清查工具，工作负责人应清点人数，带领人员撤离现场，将工作票交给工作许可人，双方签名后检修工作才算结束。值班人员在送电前还应仔细检查现场，并通知有关单位。

工作票应编号，一式两份。要求用钢笔或圆珠笔填写，填写正确、清楚，不得任意涂改。工作完毕后，一份由工作许可人收存，一份交给工作票签发人保存三个月。

处理紧急事故可不填用工作票，但应履行工作许可手续，并执行监护制度及其他有关安全工作制度。

2）工作许可制度。

工作许可制度是确保电气检修作业安全、万无一失所采取的一种重要措施。它可以加强运行值班单位和检修单位双方的安全责任感，因此必须在完成各项安全措施后方可履行工作许可手续。

工作许可人（主值人员）在接到检修工作负责人交来的工作票后，应审查工作票所列的安全措施是否正确完善，经审查确定无误后应按工作票上所列的要求完成施工现场的安全技术措施，并会同工作负责人再次检查必要的接地、短路和标示牌是否装设齐备，然后才能许可工作小组开始工作，工作许可手续包括下列各项。

a. 值班人员应在工作地点对检修小组当面用手触试已停电、已接地和短路的导电部分，证明已无电压。

b. 值班人员应对检修小组指明带电设备的所在位置。

c. 工作许可人在交代清楚工作后，会同工作负责人在工作票上签名。

完成上述手续后，工作班组方可开始工作。

在检修工作终结之前，工作负责人、工作许可人都不得擅自变更安全措施，值班人员不得变更有关检修设备的运行接线方式，不准在施工设备上进行操作和合闸送电。

工作中如有特殊情况需要变更时，应事先取得对方同意，并在工作票上书面签字修订，并经电气运行负责人核准，值班员在运行日志上记录备案。

3）工作监护制度。

执行工作监护制的目的是防止工作人员违反安全规程，及时纠正不安全动作和其他错误做法，使工作人员在整个工作过程中得到监护人的指导和监督。因此，监护人的技术水平应高于工作人员。监护的主要内容如下。

a. 部分停电时，监护所有工作人员的活动范围，使其与带电部分保持规定的安全距离。

b. 带电作业时，监护所有工作人员的活动范围，使其与不同相的带电设备保持安全距离。

c. 监护所有工作人员是否正确使用工具，工作位置是否安全，操作方法是否恰当。

d. 监护所有工作人员，不准单独留在变电所高压设备区内，以免发生意外触电或电弧灼伤。

e. 监护所有工作人员，为保证电气设备正常运行，检查所采取的技术措施是否符合规范要求。

f. 监护工作人员在作业中为保证安全而设置的安全设施，检查是否根据作业的危险程度而正确设置安全设施，以及其安全作用是否有效可靠。

g. 监护工作人员是否正确穿戴个人防护用品。

当进行的工作较为复杂、安全条件较差及作业面大时，还应增设专职监护人监护，专职监护人不得兼职其他工作。在工作期间，工作负责人或工作监护人因故必须离开现场时，应指定临时负责人，离开前应将工作现场交代清楚，并通知工作班人员。运行值班人员如发现工作班人员有违反安全规程或任何危及人员及设备安全的情况，应及时向工作负责人提出，如仍不能纠正，应立即报告上级。

4）工作间断、转移、终结和恢复送电制度。

a．工作间断时，所有的安全措施应保持原状。当天的工作间断后又继续工作时，无须再经许可；如对隔天的工作间断，应交回工作票，次日复工需重新得到值班人员的许可。

b．在办理工作票手续以前，值班人员不准在施工设备上进行操作和合闸送电。

c．在同一电气连接部分用同一张工作票依次在几个工作地点转移工作时，全部安全措施由值班人员在开工前一次做完，无须再办理转移手续。但工作负责人或监护人在每转移一个工作地点时，必须向工作人员交代带电范围、安全措施和注意事项。

d．全部工作完毕后，工作人员应清扫、整理现场。工作负责人或监护人应进行认真的检查，待全体工作人员撤离工作地点后，再向值班人员讲清所修项目、发现的问题、试验结果和存在的问题等，并与值班人员共同检查设备状况、有无遗留物件、是否清洁等，然后在工作票上填上工作终结时间，经双方签名后，工作票方告终结。

e．只有在同一停电系统的所有工作票结束，拆除所有接地线、临时遮栏和标示牌，恢复常设遮栏，并得到值班调度员或值班负责人的许可命令后，方可合闸送电。

f．已结束的工作票应加盖“已执行”印章后妥善保存三个月，以便于检查。

（2）保证安全的技术措施。

在电气检修工作中，为防止突然来电（误送电、反送电）、误入带电间隔、带电合闸等重大事故发生，在全部停电或部分停电的电气设备或线路上工作时，必须完成停电、验电、装设接地线、悬挂标示牌和装设遮栏等保证安全的技术措施。

以上所说的全部停电工作是指变电所内全部停电、工作在全部停电的间隔内及单回路架空线路的停电工作。部分停电工作则是指变电所内部分停电或工作间隔内全部停电，而邻近带电的变配电装置的门未闭锁，及双回路架空线中的一路停电的检修工作等。

安全技术措施通常应由变配电所或运行单位的值班人员或运行负责人来执行。以下就有关安全技术措施的具体要求进行简要说明。

1）停电。

停电的基本要求是将需要检修的设备或线路可靠脱离电源，把各方向可能来电的电源都断开。工作人员在工作时的正常活动范围与邻近带电设备的安全距离小于规程规定时（10kV 及以下，无遮栏时为 0.7m，有遮栏时为 0.35m），该邻近的带电设备也必须停电。

此外还必须注意下列要求。

a．停电的各方面至少有一个明显的断开点（由隔离刀闸断开），禁止在只经断路器断开电源的设备或线路上工作。与停电设备有关的变压器和电压互感器等，必须将其一次侧和二次侧都断开，防止向停电检修设备反送电。

b．停电操作应先停负荷侧，后停电源侧；先拉开断路器，后拉开隔离刀闸。严禁带负荷拉隔离刀闸。

c．为防止因误操作、后备电源自投及校验工作引起的保护装置误动作造成断路器突然误合闸而发生意外，必须断开断路器的操作电源。对一经合闸就可能送电的刀闸必须将操作把手锁住。

2）验电。

验电的目的是验证停电设备是否确无电压，以防发生人身触电或带电装设接地线等重大事故，所以验电工作是检验停电措施的执行是否正确完善的重要手段。在实际操作中有很多因素，可能导致本来以为已停电的设备实际上仍然是带电的。例如，由于停电措施不周、操作人员失误，未能将各方面的电源完全断开；所要进行工作的地点和实际停电范围不符，停错了开关；二次回路控制电源没有切断而串入一次母线系统等。这些认为已无电，但实际却带电的情况，往往会酿成重大事故。因此，对电气设备或线路切断电源后必须通过验电来确认是否停电。验电工作应注意下列要求。

a．检修的电气设备和线路停电后，在悬挂接地线之前，必须用验电器检验确无电压。

b．验电时，必须戴绝缘手套，使用电压等级适合、经试验合格、并在有效试验期限内的验电器。验电前后均应将验电器在带电设备上进行试验，确认验电器是否良好。

c．对停电检修的设备，应在进出线两侧逐相验电。对同杆架设的多层电力线路验电时，先验低压，后验高压，先验下层，后验上层。对于断路器或隔离刀闸，应在两侧的各相上分别验电。

d．表示设备断开和允许进入间隔的信号、电压表指示及信号灯指示等不能作为设备无电压的依据，只能作为参考，但如果信号和仪表指示有电，则禁止在设备上工作。

e．对停电的电缆线路进行验电时，由于电缆的电容量大，剩余电荷较多，而一时又释放不完，因此刚停电后立即进行验电，有时验电器仍会发亮（有时闪烁发亮），这种情况必须过几分钟后再进行验电，直到验电器指示无电，才能确认为无电压。切记决不能凭经验判断，当验电器指示有电时，想当然认为是剩余电荷作用所致，就盲目进行接地操作，这是相当危险的。

3）装设接地线。

装设三相短路接地线的目的是防止工作地点突然来电、泄放停电设备或线路的剩余电荷及可能产生的感应电荷，从而确保工作人员的安全，做到万无一失。

装设接地线应注意下列安全要求。

a．装设接地线时，应先将接地端可靠接地，当用验电器验明设备或线路确无电压后，立即将接地线的另一端挂接在设备或线路的导体上。

b．对于可能送电至停电设备或线路的各个电源侧，都要装设接地线，接地线与检修部分之间不得连有断路器或保险器。

c．装设接地线时必须由两人进行，一人监护，一人操作。装设时先接接地端，后接导体端，而且必须接触良好、可靠。拆接地线的次序与此相反。装拆接地线时均应使用绝缘棒或戴绝缘手套，人体不准触碰接地线。

d．检修母线时，应根据母线的长短和有无感应电压等实际情况确定接地线的数量。一般检修 10m 及以下长度的母线时可以只装设一组接地线。

e．进行架空线路检修作业时，如电杆无接地引下线时，可采用临时接地棒，接地棒在地中插入的深度不得少于 0.6m。

f. 接地线应采用多股软裸铜线，其最小截面不小于 $25mm^2$。接地线必须使用专用的线夹固定在导体上，严禁采用缠结的方法。

4）悬挂标示牌和装设遮栏。

悬挂标示牌可提醒有关工作人员及时纠正将要进行的错误操作和做法。起到禁止、警告、准许、提醒几方面的作用。悬挂标示牌和装设遮栏的地点要求如下。

a．在一经合闸即可送电到工作地点的断路器和隔离开关的操作把手上，应悬挂“禁止合闸，有人工作！”标示牌。

b．进行线路检修工作时，应在线路断路器和隔离开关的操作把手上悬挂“禁止合闸，线路有人工作！”标示牌，而且悬挂标示牌的数量应该与线路检修班组数相等。

c．对运行操作的开关和刀闸，标示牌应悬挂在控制盘的操作把手上，对同时能进行运行和就地操作的刀闸，还应在刀间操作把手上悬挂标示牌。

d．在部分停电的工作中，在作业范围内对于安全距离小于规定值的未停电设备，应装设临时遮栏，并在临时遮栏上悬挂“止步，高压危险！”标示牌。

e．在室内高压设备上工作时，应在工作地点两旁间隔和对面间隔的遮栏上及禁止通行的过道上悬挂“止步，高压危险！”标示牌。在室外地面高压设备上工作时，应在工作地点四周用绳子做好围栏，在围栏上悬挂适当数量的“止步，高压危险！”标示牌，标示牌应朝向围栏里面，“在此工作”标示牌应向围栏外面悬挂。

f．在工作地点，工作人员上下攀登的铁架或梯子上应悬挂“从此上下”标示牌。在邻近其他可能误登的架构上悬挂“禁止攀登，高压危险！”标示牌。

g．在停电检修装设接地线的设备框门上及相应的电源刀闸把手上应悬挂“已接地！”标示牌。

h．严禁工作人员在检修工作未告终时移动或拆除遮栏、接地线和标示牌。

（3）低压带电工作的安全措施。

进行低压带电工作时，为防止发生人身触电、弧光短路烧伤等事故，必须注意下列安全要点。

1）低压带电工作应设专人监护，使用具有完好绝缘柄的工具。工作时，站在干燥的绝缘物上进行，并戴手套和安全帽，穿长袖工作服，严禁使用钢卷尺和夹有金属丝的皮卷尺等进行测量工作，不得使用挫刀及用金属物制成的毛刷等工具。

2）在工作中要保证人体与大地之间、人体与周围接地金属之间、人体与其他相的导体（包括零线）之间有良好的绝缘或适当的安全距离。

3）对高、低压同杆架设的线路，在低压带电线路上工作时，应确保与高压线保持安全距离并采取防止误碰高压线的措施。

4）在低压带电导线未采取绝缘措施时，工作人员不得穿越导线。工作前应选好工作位置，分清火线、地线。断开导线时，应先断开火线，后断开地线；搭接导线时，应先接好地线，再接火线，并应注意严禁带负荷断火和接火。

5）在低压配电装置上带电工作时，应采取防止相间短路和单相接地短路的绝缘屏护隔离措施。

6）在带电的电流互感器二次回路上工作时，严禁将电流互感器二次开路，以防止二次开路时产生高电压伤人。因此，在进行带电更换仪表（如电度表、电流表等）工作前，必须用短路片或短路线通过短路端子短接电流互感器。

6．电工人身安全知识。

（1）在进行电气设备安装与维修操作时，必须严格遵守各种安全操作规程和规定，不得玩忽职守。

（2）操作时，要严格遵守停电操作的规定，要切实做好防止突然送电的各项安全措施，如锁上闸刀，并挂上“有人工作，不许合闸”的警告牌等。

（3）在邻近带电部分操作时，要保证可靠的安全距离。

（4）操作前应检查工具的绝缘手柄、绝缘鞋和绝缘手套等安全用具的绝缘性能是否良好，有问题的应立即更换，并应定期检查。

（5）登高工具必须安全可靠，未经登高训练的，不准进行登高作业。

（6）发现有人触电，要立即采取正确的抢救措施。

7．设备运行安全知识。

（1）对于出现故障的电气设备、装置和线路，不能继续使用时，必须及时进行检修。

（2）必须严格遵照操作规程进行操作，合上电源时，应先合隔离开关，再合负荷开关；断开电源时，应先断开负荷开关，再断开隔离开关。

（3）在需要切断故障区域的电源时，要尽量缩小停电范围。有分路开关的，要尽量切断故障区域的分路开关，尽量避免越级切断电源。

（4）电气设备一般都不能受潮，要有防止雨、雪和水侵袭的措施。电气设备在运行时会发热，要有良好的通风条件，有的还要有防火措施。有裸露带电体的设备，特别是高压设备，要有防止小动物窜入造成短路事故的措施。

（5）所有电气设备的金属外壳都必须有可靠的保护接地措施。

（6）凡有可能被雷击的电气设备，都要安装防雷装置。

8．安全用电常识。

电工不仅要充分了解安全用电常识，还有责任阻止不安全用电的行为和宣传安全用电常识。安全用电常识内容如下。

（1）严禁用一线（相线）一地（指大地）安装用电器。

（2）在一个插座上不可接过多或功率过大的用电器。

（3）未掌握电气知识和技术的人员，不可安装和拆卸电气设备及线路。

（4）不可用金属丝绑扎电源线。

（5）不可用湿手接触带电的电器，如开关、插座等，更不可用湿布擦拭电器。

（6）电动机和电气设备上不可放置衣物，不可在电动机上坐立，雨具不可挂在电动机或开关等电器的上方。

（7）堆放和搬运各种物资、安装其他设备时，要与带电设备和电源线相距一定的安全距离。

（8）在搬运电钻、电焊机和电炉等可移动电器时，要先切断电源，不允许拖拉电源线来搬移电器。

（9）在潮湿环境中使用可移动电器时，必须采用额定电压为36V的低压电器，若采用额定电压为220V的电器，其电源必须采用隔离变压器；在金属容器（如锅炉、管道）内使用可移动电器时，一定要用额定电压为12V的低压电器，并要加接临时开关，还要有专人在容器外监护；低电压可移动电器应装特殊型号的插头，以防误插入电压较高的插座上。

（10）雷雨天气，不要走近高电压电杆、铁塔和避雷针的接地导线的周围，以防雷电入地时周围发生跨步电压触电；切勿走近断落在地面上的高压电线，万一高压电线断落在身边或已进入跨步电压区域，要立即用单脚或双脚并拢迅速跳到 10 米以外的地区，千万不可奔跑，以防跨步电压触电。

9．电气消防知识。

在发生电气设备火警时，或邻近电气设备附近发生火警时，电工应运用正确的灭火知识指导和组织群众采用正确的方法灭火。

（1）当电气设备或电气线路发生火警时，要尽快切断电源，防止火情蔓延和灭火时发生的触电事故。

（2）不可用水或泡沫灭火器灭火，尤其是有油类的火警，应采用二氧化碳等灭火。

（3）灭火人员不可使身体及手持的灭火器材碰到有电的导线或电气设备。

10．触电急救知识。

人触电后，往往会失去知觉或形成假死，救治的关键在于使触电者迅速脱离电源和及时采取正确的救护方法。

（1）触电急救方法。

1）使触电者迅速脱离电源。如果急救者离开关或插座较近，应迅速拉下开关或拨出插头，以切断电源；如果急救者距离开关、插座较远，应使用干燥的木棒、竹竿等绝缘物将电源移走，或用带有绝缘手柄的钢丝钳等切断电源，使触电者迅速脱离电源。如果触电者脱离电源后有摔跌的可能，应同时做好防止摔伤的安全措施。

2）当触电者脱离电源后，应在现场就地检查和抢救。将触电者移至通风干燥的地方，使触电者仰天平卧，松开其衣服和裤带；检查瞳孔是否放大，呼吸和心跳是否存在；同时通知医务人员前来抢救。急救人员应根据触电者的具体情况迅速采取相应的急救措施。对没有失去知觉的触电者，要使其保持安静，不要走动，观察其变化；对触电后精神失常的，必须防止触电者发生突然狂奔的现象。对失去知觉的触电者，若呼吸不齐、微弱或呼吸停止，但有心跳，应采用“口对口人工呼吸法”进行抢救；对有呼吸而心脏跳动微弱、不规则或心跳已停的触电者，应采用“胸外心脏挤压法”进行抢救；对呼吸和心跳均已停止的触电者，应同时采用“口对口人工呼吸法”和“胸外心脏挤压法”进行抢救。抢救者要有耐心，必须持续不断进行抢救，直到触电者苏醒为止；即使在送往医院的途中也不能停止抢救。

（2）急救技术。

使触电者仰天平卧，在触电者颈部枕垫软物，使其头部稍后仰，松开其衣服和腰带。

1）口对口人工呼吸法如图 1-5 所示。先清除触电者口中的血块、痰液等，取出触电者口中的假牙等杂物；急救者深深吸气，捏紧触电者的鼻子，大口向触电者口中吹气，然后松开触电者的鼻子，使之自身呼气，如此重复进行，每次以 5 秒钟为宜，不可间断，直到触电者苏醒为止。

2）胸外心脏挤压法，急救者先按图 1-6（a）所示的位置跪跨在触电者臀部位置，右手掌照图 1-6（b）所示位置放在触电者的胸上，左手掌压在右手掌上，向下挤压 3～5 厘米后，突然放松，如图 1-6（c）、图 1-6（d）所示。挤压和放松动作要有节奏，每分钟 100 次（儿童 2 秒钟 3 次）为宜，挤压力度要适当，用力过猛会造成触电者内伤，用力过小则无效，必须连续进行，直到触电者苏醒为止。

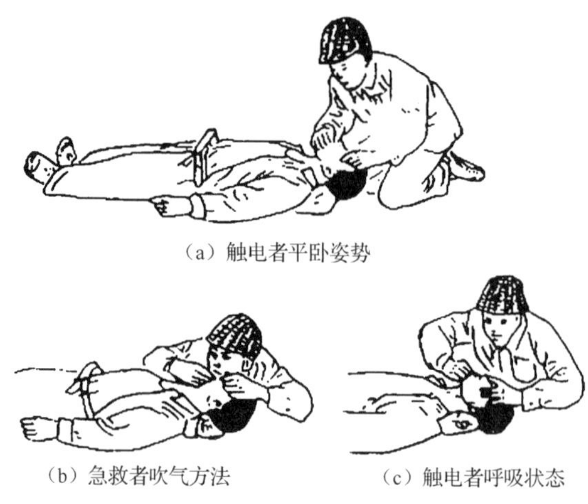

（a）触电者平卧姿势

（b）急救者吹气方法　　（c）触电者呼吸状态

图 1-5　口对口人工呼吸法

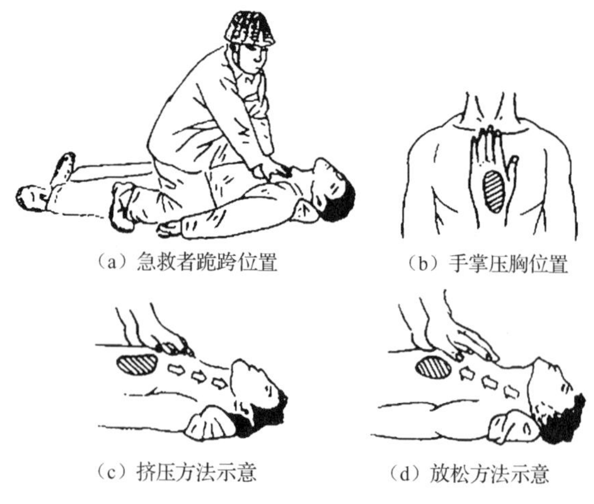

（a）急救者跪跨位置　　（b）手掌压胸位置

（c）挤压方法示意　　（d）放松方法示意

图 1-6　胸外心脏挤压法

3）对心跳与呼吸都停止的触电者，同时采用“口对口人工呼吸法”和“胸外心脏挤压法”。如急救者只有一人，应先对触电者吹气 2 次，再挤压 30 次，如此交替重复进行，直到触电者苏醒为止。如果是二人合作抢救，则一人吹气，一人挤压，吹气时应保持触电者胸部放松，只可在换气时进行挤压。

4）牵手人工呼吸法如图 1-7 所示，凡呼吸停止，且口鼻均受伤的触电者，应采用此法抢救。

图 1-7　牵手人工呼吸法

三、电能的生产、输送和分配概况

由各种电压的电力线将发电厂、变电所和电力用户联系起来的发电、输电、变电、配电和用电的整体，叫作电力系统。电力系统示意图如图 1-8 所示，发电厂的发电机所发出的电压经过升压变压器升压后，由高压输电线输送至用电点的区域变电所，经过区域变电所的降压变压器降压后供给各用户使用。

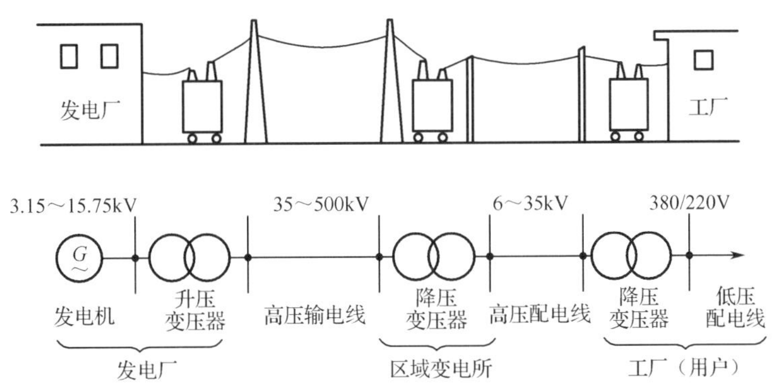

图 1-8　电力系统示意图

1．发电。

发电就是电力的生产，生产电力的工厂称为发电厂，发电厂是把其他形式的能量转换成电能的场所。发电厂按所用能源的不同，可分为火力发电厂、水力发电厂和原子能发电厂等，此外还有太阳能、风力、潮汐能和地热发电等。我国电力的生产主要来源于火力发电和水力发电。火力发电厂通常以煤或油为燃料，使锅炉产生蒸汽，以高压高温蒸汽驱动汽轮机，由汽轮机带动发电机发电。水力发电厂利用自然水资源作为动力，通过水库或筑坝截流的方法提高水位，利用水流的位能驱动水轮机，由水轮机带动发电机发电。原子能发电厂也称为核电厂，它由核燃料在反应堆中的裂变反应所产生的热能来产生高压高温蒸汽，驱动汽轮机，带动发电机发电。目前，世界上由发电厂提供的电力绝大多数是交流电。

2．电能的传输。

为了安全和节约，通常把大发电厂建在远离城市中心的能源产地附近，如水力发电厂就是建在远离城市的江河上。因此，发电厂发出的电能还需要经过一定距离的输送，才能分配给各用户。由于发电机的绝缘强度和运行安全等因素，发电机发出的电压不能很高，一般为 3.15kV、6.3kV、10.5kV、15.75kV 等。为了减少电能在数十、数百公里的输电线路上的损失，还必须经过升压变压器将电压升高到 35～500kV 后再进行远距离输电。目前，我国常用的输电电压的等级有 35kV、110kV、220kV、330kV 及 500kV 等。输电电压的高低要根据输电距离和输电容量而定，其原则是，容量越大，距离越远，输电电压就越高。高压输电到用户区后，再经降压变压器将高电压降低为用户所需要的各种电压。

3．工厂中的变电、配电。

变电即变换电网电压的等级，配电即电力的分配。变电分为输电电压的变换和配电电压的变换。完成前者任务的称为变电站或变电所，完成后者任务的称为变配电站或变配电所。只具备配电功能而无变电设备的称为配电站或配电所。大、中型工厂都有自己的变电站、配电站，通常由高压配电室、变压器室和低压配电室组成。用电量在 1000 千瓦以下的工厂，由于采用低电压（在电力系统中 1kV 以上为高电压，1kV 以下为低电压）供电，只需要一个低压配电室就够了。电能输送到工厂后，经高压配电室配电后，由变压器室的降压变压器将 6～35kV 的电源电压降为 380V/220V 的低电压，再经过低压配电装置，对各车间的用电设备进行配电。在车间配电时，对动力用电和照明用电采用分别配电的方式，即把各个动力配电线路及照明配电线路一一分开，这样可以避免因局部故障而影响整个车间的生产。

四、思考题

1．什么是触电？
2．人体的触电方式有哪些？
3．影响电流对人体伤害程度的主要因素有哪些？
4．什么是单相触电？什么是两相触电？
5．保证安全的组织措施有哪些？
6．装设接地线应该注意哪些安全要求？
7．保证安全的技术措施有哪些？
8．遇到高压触电应该采取什么急救措施？
9．遇到低压触电应该采取什么急救措施？
10．触电者假死后应采取哪些急救措施？
11．电工应该具备哪些电气消防知识？
12．什么是电力系统？
13．我国高压输电电压的等级是怎样的？
14．我国高压发电机输出电压的等级是怎样的？

任务二　常用电工工具的使用

任务目标

1．能熟练使用常用电工工具。

2．能熟悉电烙铁、焊料、焊剂的使用并能选择不同的焊件。

3．熟悉焊接的基本技巧。

4．提高自我学习、信息处理、数字应用等方法能力，以及与人交流、与人合作、解决问题等社会能力，自查 6S 执行力。

任务描述

1．电工刀的刃磨。

2．常用电工工具的使用。

3．烙铁钎焊。

（1）在空心铆钉板的铆钉上焊接圆点（50 个钉），先清除空心铆钉表面的氧化层，然后在空心铆钉板的各铆钉上焊上圆点。

（2）在空心铆钉板上焊接铜丝（50 个铆钉），清除空心铆钉表面的氧化层，清除铜丝表面的氧化层，然后镀锡，并在空心铆钉上（直插、弯插）焊接，如图 1-9 所示。

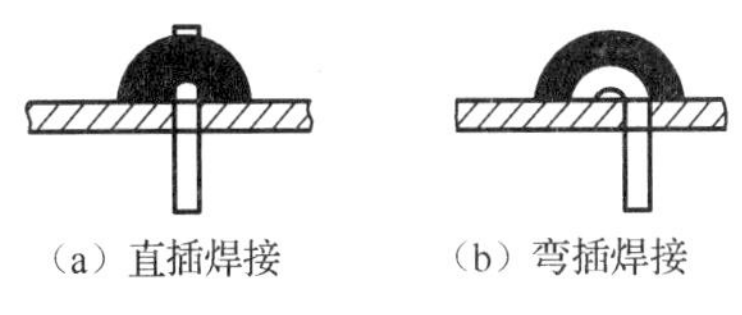

图 1-9　直插焊接、弯插焊接示意图

任务实施

1．训练器材。

验电器、尖嘴钳、螺钉旋具、钢丝钳、断线钳、剥线钳、电工刀、活络扳手、配电板、油石各 1 个，一字、十字木螺丝各 5 枚，电烙铁、松香、焊锡丝、铆钉板各 1 个。

2．使用常用电工工具进行相应操作。

任务评价

职业技能评分表如表 1-2 所示。

表 1-2　职业技能评分表

项目内容	配分	评分标准	扣分	得分
在铆钉板上焊接圆点	30 分	虚焊、焊点毛糙　　每点扣 1 分		
在铆钉板上焊接铜丝	30 分	虚焊、焊点毛糙　　每点扣 1 分		

续表

项 目 内 容		配 分		评 分 标 准		扣 分	得 分
导线与导线的焊接		30 分		虚焊、焊点毛糙　　每点扣 1 分 导线连接不正确　　每处扣 3 分			
安全文明生产		10 分		每项不合格　　扣 5～10 分			
工 时		开始时间		结束时间			
备注：安全文明生产可以实施倒扣分，其他项目的扣分不得超过其配分							

知识链接

一、验电器

验电器是检验导线和电气设备是否带电的一种电工常用的检测工具，分为低压验电器和高压验电器两种。这里只介绍低压验电器。

1．低压验电器的结构。

低压验电器又称为低压测电笔，有钢笔式和螺丝刀式两种，如图 1-10 所示。

（a）钢笔式低压验电器　（b）螺丝刀式低压验电器

图 1-10　低压验电器

钢笔式低压验电器由氖管、电阻、弹簧、笔身和笔尖的金属体等组成。使用低压验电器时，必须按图 1-11 所示的方法握好低压验电器，以手指触及笔尾的金属体，使氖管小窗背光朝自己。当用电笔测带电体时，电流经带电体、电笔、人体、大地形成回路，只要带电体与大地之间的电位差超出 60V，电笔中的氖管就会发光。低压验电器的测试范围为 60～500V。

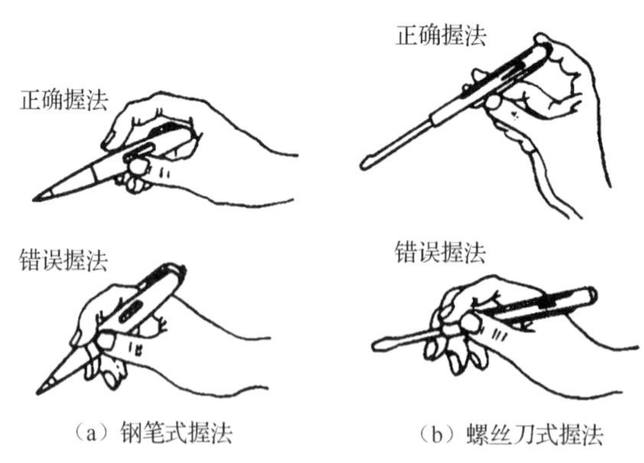

（a）钢笔式握法　（b）螺丝刀式握法

图 1-11　低压验电器的使用方法

2．低压验电器的使用。

（1）区别电压高低。

测试时可根据氖管发光的强弱来估计电压的高低。

（2）区别相线与零线。

在交流电路中，当验电器触及导线时，氖管发光表示触及的是相线，在正常情况下，触及零线是不会发光的。

（3）区别直流电与交流电。

交流电通过验电器时，氖管里的两极同时发光；直流电通过验电器时，氖管里的两极中只有一极发光。

（4）区别直流电的正负极。

把验电器连接在直流电的正、负极之间，氖管中发光的一极为直流电的负极。

（5）识别相线碰壳。

用验电器触及电动机、变压器等电气设备的外壳，氖管发光，则说明该设备有碰壳现象。如果壳体有良好的接地装置，氖管是不会发光的。

（6）识别相线接地。

用验电器触及正常供电的星形接法三相三线交流电时，有两根相线比较亮，而另一根相线的亮度较暗，则说明较暗的相线与地有短路现象，但不太严重。如果两根相线很亮，而另一根相线不亮，则说明不亮的相线与地肯定有短路。

二、螺钉旋具

螺钉旋具又称为旋凿、起子或螺丝刀，它是一种紧固或拆卸螺钉的工具。

1．螺钉旋具的式样和规格。

螺钉旋具的式样和规格很多，按头部形状可分为一字形和十字形两种，如图 1-12 所示。

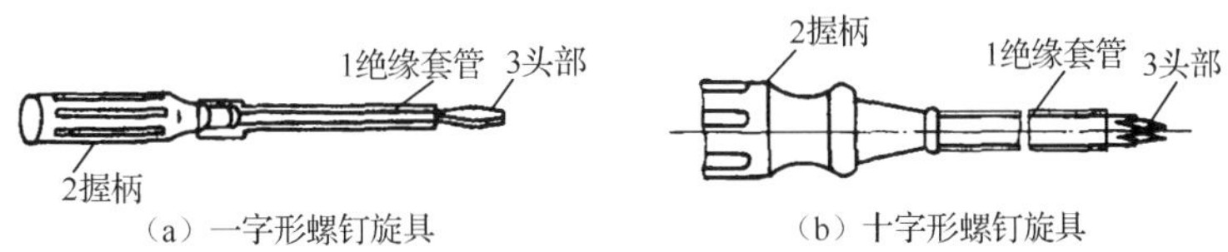

（a）一字形螺钉旋具　　（b）十字形螺钉旋具

图 1-12　螺钉旋具

一字形螺钉旋具的常用规格有 50mm、100mm、150mm 和 200mm 等，电工必备的规格是 50mm 和 150mm 两种。十字形螺钉旋具专供紧固和拆卸十字槽的螺钉，常用的规格有 4 种：I 号适用于直径为 2～2.5mm 的螺钉，II 号适用于直径为 3～5mm 的螺钉，III 号适用于直径为 6～8mm 的螺钉，IV 号适用于直径为 10～12mm 的螺钉。

磁性旋具按握柄材料分为木质绝缘柄和塑胶绝缘柄。它的规格较齐全，分为十字形和一字形。金属杆的刀口端焊有磁性金属材料，可以吸住待拧紧的螺钉，能准确定位、拧紧，使用方便，被广泛使用。

2．使用螺钉旋具的安全知识。

（1）电工不可使用金属杆直通柄顶的螺钉旋具，否则易造成触电事故。

（2）使用螺钉旋具紧固和拆卸带电的螺钉时，手不得触及螺钉旋具的金属杆，以免发生触电事故。

（3）为了避免螺钉旋具的金属杆触及皮肤或触及邻近带电体，应在金属杆上套上绝缘套管。

3．螺钉旋具的使用方法。

（1）大螺钉旋具的使用。大螺钉旋具一般用来紧固较大的螺钉。使用时，大拇指、食指和中指要夹住握柄的末端，这样可以防止旋具转动时滑脱。

（2）小螺钉旋具的使用。小螺钉旋具一般用来紧固电气装置接线柱上的小螺钉，使用时，可用手指顶住木柄的末端捻旋。

（3）较长螺钉旋具的使用。可用右手压紧并转动手柄，左手握住螺钉旋具的中间部分，以使螺钉旋具不滑脱。此时，左手不得放在螺钉周围，以免螺钉旋具滑出时将手划伤。

三、钢丝钳

钢丝钳有铁柄钢丝钳和绝缘柄钢丝钳两种，绝缘柄钢丝钳为电工钢丝钳，常用的规格有150mm、175mm和200mm三种。

1．电工钢丝钳的构造和用途。

电工钢丝钳由钳头和钳柄两部分组成。

钳头由钳口、齿口、刀口和铡口四部分组成。其用途很多，钳口用来弯绞和钳夹导线线头；齿口用来紧固或起松螺母；刀口用来剪切剖削软导线绝缘层；铡口用来铡切电线线芯、钢丝或铅丝等。钢丝钳的构造及用途如图1-13所示。

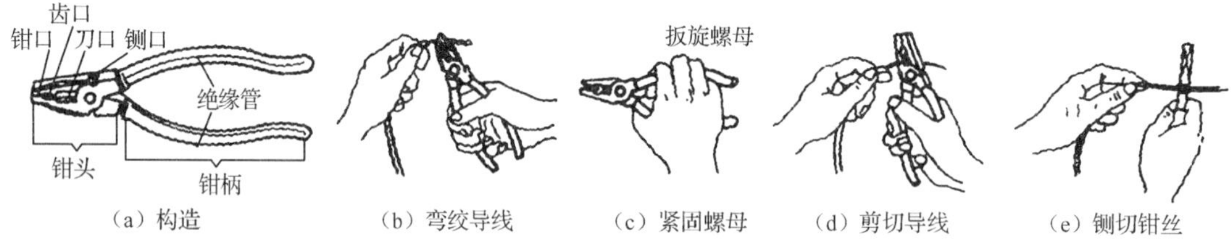

图1-13　钢丝钳的构造及用途

2．使用钢丝钳的安全知识。

（1）使用前，必须检查绝缘柄的绝缘性是否良好。如损坏，在进行带电作业时会发生触电事故。

（2）剪切带电导线时，不得用刀口同时剪切两根相线，以免发生短路事故。

四、尖嘴钳

尖嘴钳的头部尖细，适用于在狭小的工作空间操作。尖嘴钳也有铁柄和绝缘柄两种，绝缘柄的耐压为500V，尖嘴钳如图1-14所示。

1．尖嘴钳的用途。

（1）带有刀口的尖嘴钳能剪断细小金属丝。

（2）尖嘴钳能夹持较小的螺钉、垫圈、导线等元器件。

（3）在装接控制线路时，尖嘴钳能将单股导线弯成所需的各种形状。

2．使用尖嘴钳的安全知识。

参照使用钢丝钳的安全知识。

五、断线钳

断线钳又称斜口钳，钳柄有铁柄、管柄和绝缘柄三种。其中，电工用的断线钳如图 1-15 所示，绝缘柄的耐压为 500V。断线钳专供剪断较粗的金属丝、线材及导线电缆时使用。

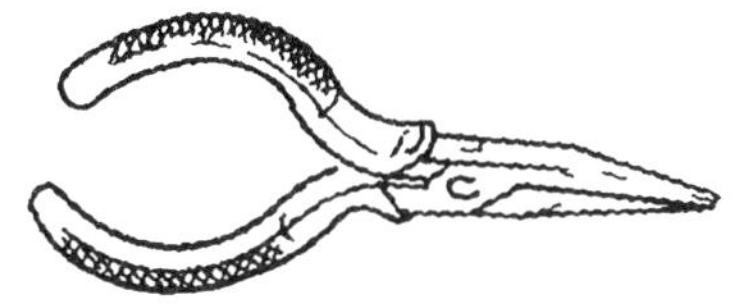

图 1-14　尖嘴钳

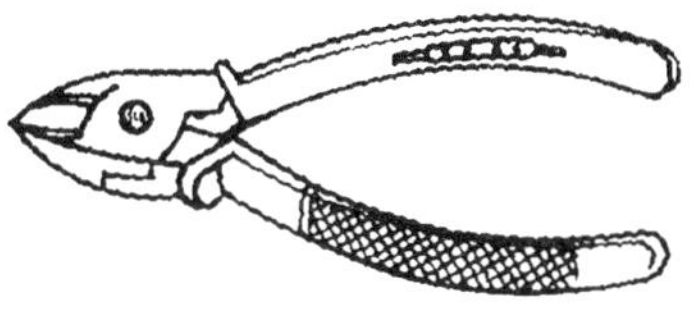

图 1-15　电工用的断线钳

六、剥线钳

剥线钳是用来剥削小直径导线绝缘层的专用工具，如图 1-16 所示。它的手柄是绝缘的，耐压为 500V。

使用剥线钳时，将要剥削的绝缘层长度用标尺定好后，既可以把导线放入相应的刃口中（比导线直径稍大），用手将钳柄握紧，导线的绝缘层就会被割破，且自动弹出。

七、电工刀

电工刀是用来剖削电线线头、切割木台缺口、削制木榫的专用工具，电工刀如图 1-17 所示。

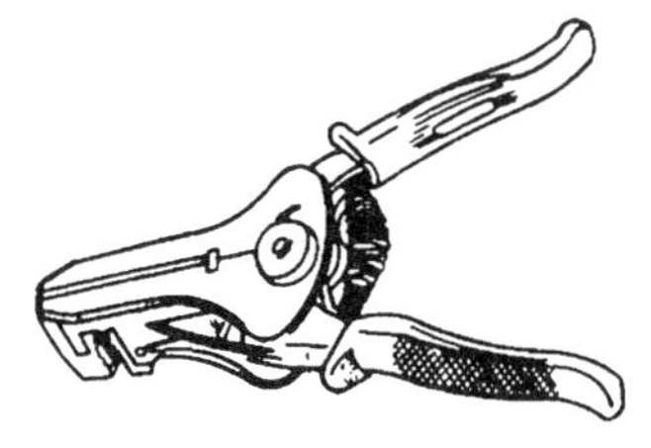

图 1-16　剥线钳

图 1-17　电工刀

1．电工刀的使用方法。

使用电工刀时，应将刀口朝外剖削。剖削导线绝缘层时，应使刀面与导线成较小的锐角，以免割伤导线。

2．使用电工刀的安全知识。

（1）使用电工刀时应注意避免伤手，不得传递未折进刀柄的电工刀。

（2）电工刀用毕，将刀身折进刀柄。

（3）电工刀刀柄无绝缘保护，不能用于带电作业，以免触电。

八、活动扳手

活动扳手又称活络扳手，是用来紧固和起松螺母的一种专用工具。

1．活动扳手的构造和规格。

活动扳手的结构和规格如图 1-18 所示。旋动蜗轮可调节扳口大小。电工常用的活动扳手有 150mm×19mm（6 英寸）、200mm×24mm（8 英寸）、250mm×30mm（10 英寸）和

300mm×36mm（12 英寸）四种规格。

2．活动扳手的使用方法。

（1）扳动较大螺母时，常用较大的力矩，手应握在手柄尾处，如图 1-18（b）所示。

（2）扳动较小螺母时，力矩不大，但螺母过小，易打滑，故手应握在接近扳头的地方，如图 1-18（c）所示，这样可以随时调节蜗轮，收紧活络扳唇，防止打滑。

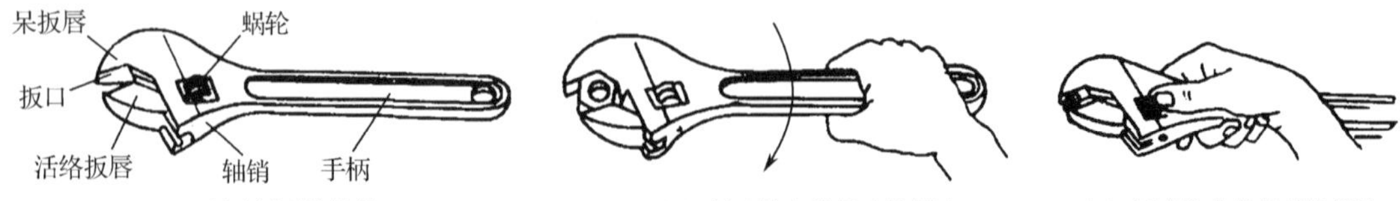

（a）活动扳手的结构　（b）扳动较大螺母时的握法　（c）扳动较小螺母时的握法

图 1-18　活动扳手的结构和规格

（3）活动扳手不可反用，以免损坏活络扳唇，也不可用钢管手柄来施加较大的扳拧力矩。

（4）不得将活动扳手当作撬棍和手锤使用。

九、电烙铁

1．电烙铁的种类。

（1）外热式电熔铁及烙铁芯结构如图 1-19 所示，它由烙铁头、烙铁芯、外壳、手柄、电源线等部分组成。烙铁头安装在烙铁芯里面，所以称为外热式电烙铁。

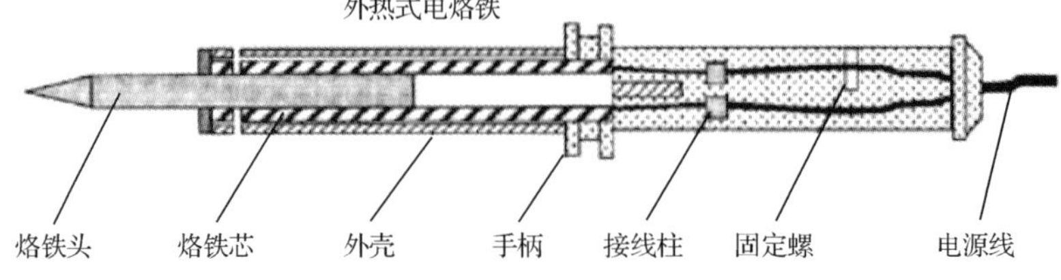

图 1-19　外热式电烙铁及烙铁芯结构

烙铁芯是电烙铁的关键部件，电热丝平行绕制在一根空心瓷管上，中间用云母片绝缘，并引出两根导线与 220V 交流电源连接。

常用的外热式电烙铁的规格有 25W、45W、75W 和 100W 等。

烙铁芯的阻值不同，其功率也不相同。25W 的烙铁芯的阻值为 2kΩ，45W 的烙铁芯的阻值约为 1kΩ，75W 的烙铁芯的阻值约为 0.6kΩ，100W 的烙铁芯的阻值约为 0.5kΩ。因此，我们可以用万用表的欧姆挡初步判断电烙铁的好坏及功率大小。

烙铁头是用紫铜制成的，其作用是储存热量和传导热量。烙铁的温度与烙铁头的体积、形状、长短等都有一定的关系。

当烙铁头的体积比较大时，其保持温度的时间会长些。另外，为适应不同焊接物的要求，烙铁头的形状有所不同，常见的有凿式、圆斜面等，如图 1-20 所示。

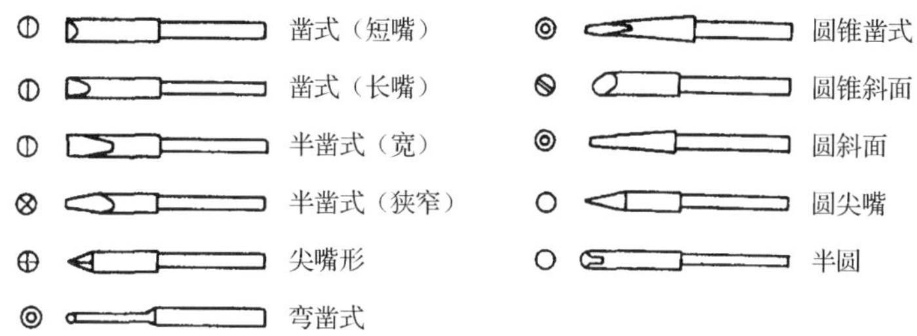

图 1-20　烙铁头的形状

（2）内热式电烙铁。

内热式电烙铁具有升温快、质量轻、耗电低、体积小、热效率高等特点，应用非常普遍。内热式电烙铁的外形与结构如图 1-21 所示。

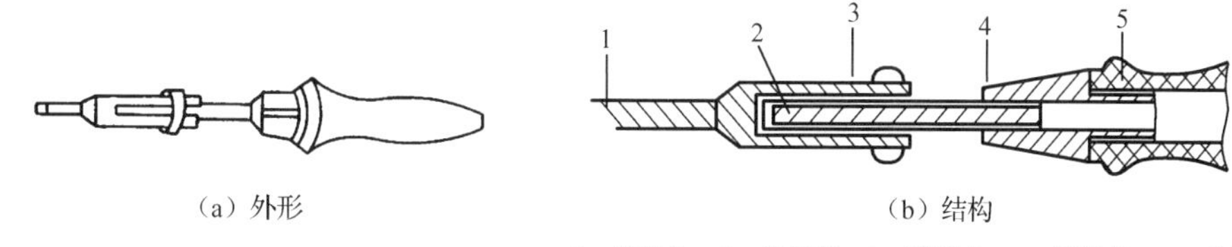

（a）外形　（b）结构

1—烙铁头　2—烙铁芯　3—弹簧夹　4—连接杆　5—手柄

图 1-21　内热式电烙铁的外形与结构

内热式电烙铁由手柄、连接杆、弹簧夹、烙铁芯、烙铁头组成。由于烙铁芯安装在烙铁头里面，因此发热快，利用率高，故称为内热式电烙铁。

内热式电烙铁头的后端是空心的，用于套接在连接杆上，并且用弹簧夹固定。当需要更换烙铁头时，必须先将弹簧夹退出，同时用钳子夹住烙铁头的前端，慢慢拔出，切记不能用力过猛，以免损坏连接杆。

内热式电烙铁的烙铁芯是用比较细的镍铬电阻丝绕在瓷管上制成的，其电阻约为 2.5kΩ（20W），烙铁的温度一般可达 350℃左右。

内热式电烙铁的常用规格有 20W、25W、50W 等，它的热效率高，20W 的内热式电烙铁的热效率相当于 40W 左右的外热式电烙铁的热效率。

（3）吸锡电烙铁。

吸锡电烙铁是将活塞式吸锡器与电烙铁融为一体的拆焊工具。它具有使用方便、适用范围广等特点，但其不足之处是每次只能对一个焊点进行拆焊。

吸锡电烙铁的使用方法：接通电源，预热 3～5min，然后将活塞柄推下并卡住，把吸头前端对准欲拆焊的焊点，待焊锡熔化后，按下按钮，活塞便会自动上升，焊锡就会被吸进气筒内。另外，吸锡器配有两个以上直径不同的吸头可供选择，以满足不同直径的元器件引线的拆焊需求。每次使用完毕后，要推动活塞三到四次，以清除吸管内残留的焊锡，使吸头与吸管畅通，以便下次使用。

（4）恒温电烙铁。

在恒温电烙铁的烙铁头内，装有磁铁式的温度控制器，通过控制通电时间而实现温控。电烙铁通电时，温度上升，当达到预定的温度时，因强磁体传感器达到了居里点而磁性消失，从而使磁芯触点断开，这时便停止向电烙铁供电；当温度低于强磁体传感器的居里点时，强磁体便恢复磁性，并吸动磁芯开关中的永久磁铁，使控制开关的触点接通，继续向电烙铁供电。如此循环往复，便能达到恒温的效果。恒温电烙铁的内部结构如图 1-22 所示。

在焊接集成电路、晶体管元器件时，常用到恒温电烙铁，因为半导体器件的焊接温度不能太高，焊接时间不能过长，否则会因过热而损坏元器件。

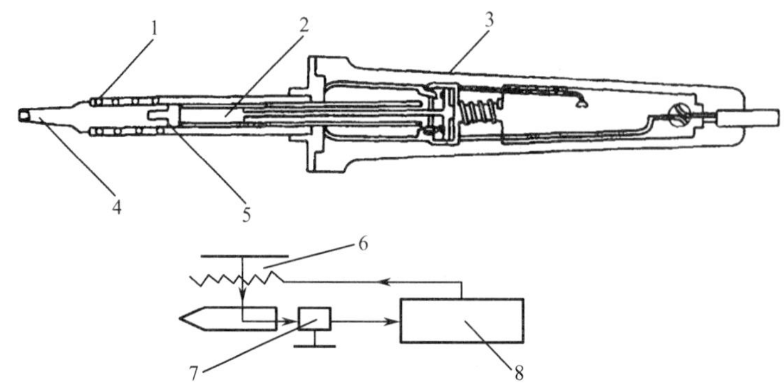

1—加热器　2—永久磁铁　3—加热器控制开关　4—烙铁头　5—控温元器件
6—加热器　7—控温元器件　8—加热器控制开关

图 1-22　恒温电烙铁的内部结构

2．电烙铁的选用及使用方法。

（1）选用电烙铁时，应考虑以下几方面。

1）焊接集成电路、晶体管及其他受热易损元器件时，应选用 20W 的内热式电烙铁或 25W 的外热式电烙铁。

2）焊接导线及同轴电缆时，应选用 45～75W 的外热式电烙铁或 50W 的内热式电烙铁。

3）焊接较大的元器件时，如大电解电容器的引线脚、金属底盘接地焊片等，应选用 100W 以上的电烙铁。

（2）电烙铁的使用方法。

1）电烙铁的握法。

电烙铁的握法有三种，如图 1-23 所示。反握法就是用五个手指把电烙铁的手柄握在掌内，此法适用于用大功率电烙铁焊接散热量较大的被焊件。正握法使用的电烙铁的功率也比较大，且多为弯形烙铁头。握笔法适用于小功率的电烙铁焊接散热量小的被焊件，如收音机、电视机电路的焊接和维修等。

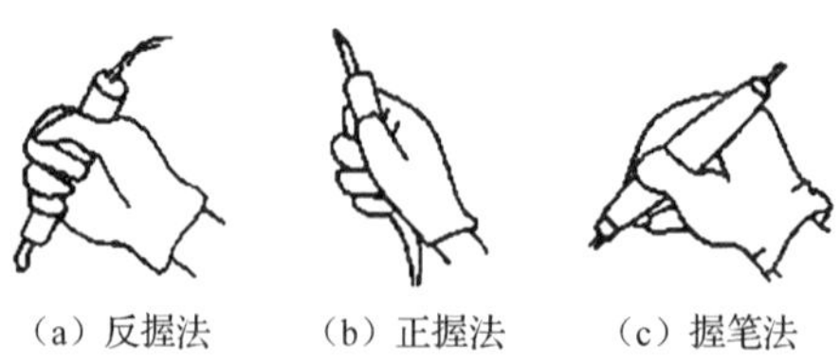

（a）反握法　　（b）正握法　　（c）握笔法

图 1-23　电烙铁的握法

2）新烙铁在使用前的处理。

使用新烙铁前必须给烙铁头镀上一层焊锡。具体方法是：首先把烙铁头锉成需要的形状，然后接上电源，当烙铁头的温度升至能熔化锡时，将松香涂在烙铁头上，再涂上一层焊锡，直至烙铁头的刃面部挂上一层锡，方可使用。

3）使用电烙铁的注意事项。

a．不使用电烙铁时不宜长时间通电。因为这样容易使电热丝加速氧化而烧断，也将使烙铁头因长时间加热而氧化，甚至被烧“死”，不再“吃锡”。

b．用电烙铁焊接时，最好选用松香焊剂，以保护烙铁头不被腐蚀。烙铁应放在烙铁架上，轻拿轻放，不要将烙铁头上的焊锡乱甩。

c．更换烙铁芯时要注意不要接错引线，因为电烙铁有三个接线柱，而其中一个是接地的，它直接与外壳相连。若接错引线，可能使电烙铁外壳带电，被焊件也会带电，这样就会发生触电事故。

d．为延长烙铁头的使用寿命，应经常用湿布、浸水海绵擦拭烙铁头，以保持烙铁头良好的挂锡状态，并可防止残留的助焊剂对烙铁头的腐蚀。

e．在进行焊接时应采用松香或弱酸性助焊剂。

f．焊接完毕后，烙铁头上的残留焊锡应该继续保留，以防止再次加热时出现氧化层。

3．焊料、焊剂及焊接工艺。

（1）焊料。

焊料是指易熔的金属及其合金，其作用是将被焊物连接在一起。它的熔点比被焊物的熔点低，而且易与被焊物连为一体。

焊料按组成成分划分，有锡铅焊料、银焊料、铜焊料；按使用的环境温度分为高温焊料和低温焊料，熔点在450℃以上的称为硬焊料，熔点在450℃以下的称为软焊料。

在装配电子产品时，一般选用锡铅焊料，也称焊锡，其形状有圆片、带状、球状、焊锡丝等，常用的是焊锡丝，在其内部夹有固体焊剂松香。焊锡丝的直径有4mm、3mm、2mm、1.5mm等规格。

焊锡在180℃时便可熔化，使用25W的外热式或20W的内热式电烙铁便可以进行焊接。它具有一定的机械强度，导电性能、抗腐蚀性能良好，对元器件引线和其他导线的附着力强，不易脱落。因此，焊锡在焊接技术中得到了极其广泛的应用。

（2）焊剂。

在进行焊接时，为使被焊物与焊料焊接牢靠，就必须去除焊件表面的氧化物和杂质。去除杂质通常有机械方法和化学方法，机械方法是指用砂纸和刀子将氧化层去掉；化学方法则是借助焊剂清除。焊剂也能防止焊件在加热过程中被氧化，以及把热量从烙铁头快速传递到被焊物上，使预热的速度加快。

松香酒精焊剂是以乙醇溶解纯松香，配制成25%～30%的乙醇溶液。其优点是没有腐蚀性，具有高绝缘性能、长期的稳定性及耐湿性，焊接后清洗容易，并形成覆盖焊点的膜层，使焊点不被氧化腐蚀。因此，电子线路中的焊剂通常采用松香、松香酒精焊剂。

另外，还有焊锡膏和稀盐酸，焊锡膏具有较强的腐蚀性，一般用在较大截面的焊接上，如电动机线头的焊接，稀盐酸具有强腐蚀性，一般用在大截面的焊接上，如钢铁件的焊接。

（3）焊接工艺。

1）对焊接的要求。

焊接质量直接影响整机产品的可靠性与质量。因此，在焊接时，必须做到以下几点。

a．焊点的机械强度要满足需要。为了保证足够的机械强度，一般采用把被焊元器件的引线端子打弯后再焊接的方法，但不能用过多的焊料堆积，以防造成虚焊或焊点之间短路。

b．焊接可靠，保证导电性能良好。为保证有良好的导电性能，必须防止虚焊现象，虚焊现象如图 1-24 所示。

c．焊点表面要光滑、清洁。为使焊点美观、光滑、整齐，不但要有熟练的焊接技能，而且要选择合适的焊料和焊剂，否则将会出现表面粗糙、拉尖、棱角等现象，烙铁的温度也要适宜。

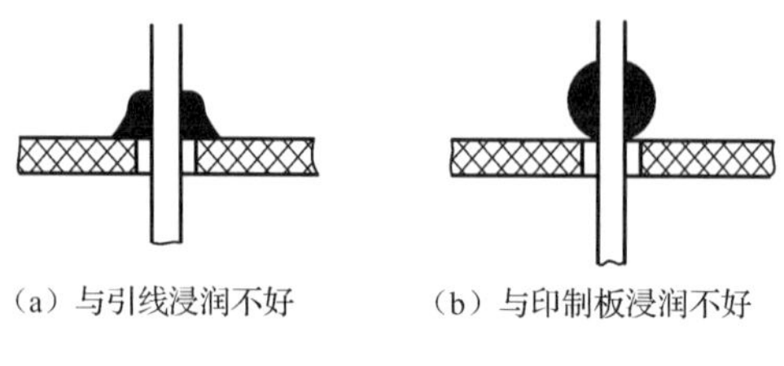

（a）与引线浸润不好　　（b）与印制板浸润不好

图 1-24　虚焊现象

2）焊接前的准备。

a．元器件成型。元器件在印制板上的排列和安装方式有两种：一种是立式；另一种是卧式。引线的跨距应根据尺寸优选 2.5 的倍数。加工时，注意不要将引线齐根弯折，并用工具保护引线的根部，以免损坏元器件。图 1-25 所示为元器件成型图例。

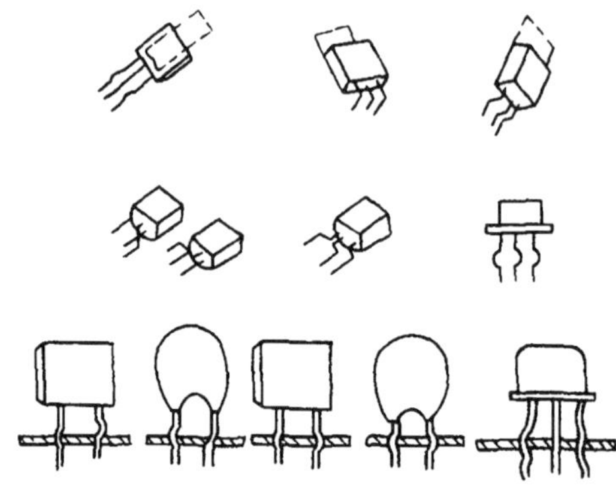

图 1-25　元器件成型图例

b．搪锡（镀锡）时间一长，元器件引线表面会产生一层氧化膜，影响焊接。所以，除少数有银、金镀层的引线外，大部分元器件的引脚在焊接前必须先搪锡。对于小热容量的焊件而言，整个焊接过程不超过 4s。

c．焊接五步操作法如图 1-26 所示。

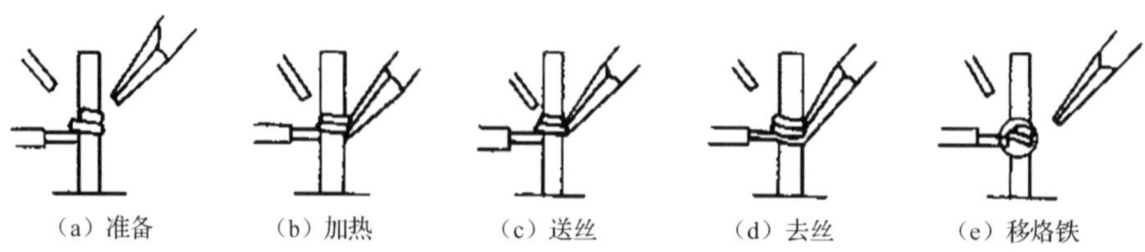

（a）准备　（b）加热　（c）送丝　（d）去丝　（e）移烙铁

图 1-26　焊接五步操作法

（4）焊接操作手法。

1）采用正确的加热方法，根据焊件形状选用不同的烙铁头，尽量让烙铁头与焊件形成面接触，而不是点接触或线接触，这样能大大提高效率。不要用烙铁头对焊件施力，这样会加速烙铁头的损耗并造成元器件损坏。加热方法如图 1-27 所示。

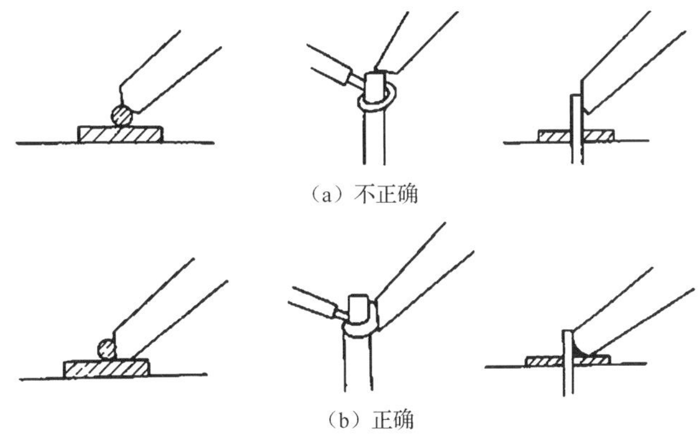

（a）不正确

（b）正确

图 1-27　加热方法

2）加热要靠焊锡桥。

所谓焊锡桥，就是将烙铁上保留的少量焊锡作为加热时烙铁头与焊件之间传热的桥梁，但作为焊锡桥的锡，保留量不可过多。

3）采用正确的撤离烙铁方式，撤离烙铁要及时，而且撤离时的角度和方向对焊点的成型有一定影响，如图 1-28 所示。

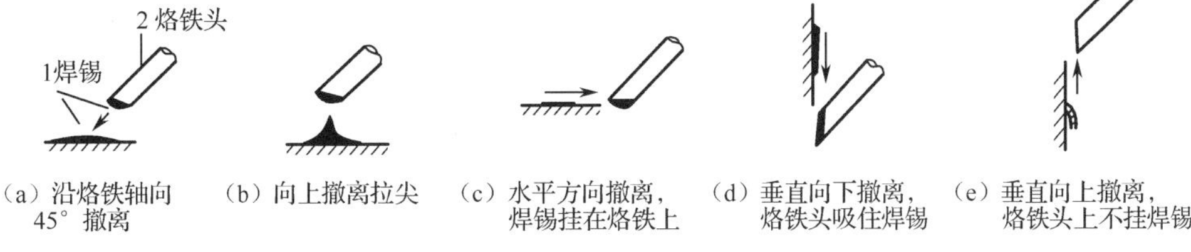

（a）沿烙铁轴向 45° 撤离　（b）向上撤离拉尖　（c）水平方向撤离，焊锡挂在烙铁上　（d）垂直向下撤离，烙铁头吸住焊锡　（e）垂直向上撤离，烙铁头上不挂焊锡

图 1-28　烙铁撤离方向和焊锡量示意图

4）焊锡量要合适，焊锡量过多容易造成焊点上的焊锡堆积，并容易造成短路，且浪费材料。焊锡量过少，容易焊接不牢，使焊件脱落，焊锡量的掌握如图 1-29 所示。

（a）焊锡量过多浪费　（b）焊锡量过少，焊点强度差　（c）合适的焊锡量

图 1-29　焊锡量的掌握

另外，在焊锡凝固前，不要使焊件移动或振动，不要使用过量的焊剂，不要用已热的烙铁头作为焊料的运载工具。

任务三　导线连接及绝缘恢复

任务目标

1．掌握常用导线的连接方法。

2．掌握导线绝缘层的剥削方法及绝缘性能恢复方法。

3．提高自我学习、信息处理、数字应用等方法能力，以及与人交流、与人合作、解决问题等社会能力，自查 6S 执行力。

任务描述

1．羊眼圈的制作。

2．单股铜芯线的直线连接和分支连接。

3．多股铜芯线的直线连接和分支连接。

4．导线绝缘层的恢复。

5．导线与接线柱的连接。

任务实施

1．训练器材。

常用电工工具，单股铜芯线、多股铜芯线若干，各类型的接线柱若干，PVC 胶布若干。

2．训练步骤。

按任务清单依次练习各种连接方式。

安全注意事项

1．使用电工刀、螺丝刀时注意用力适当，以防失控伤手。

2．使用钢丝钳、尖嘴钳时用力要均匀，以免损伤线芯。

3．必须严格按照要求连接导线，不可随意乱接。

4．将绝缘层恢复至严密状态，不可露出线芯。

任务评价

职业技能评分表如表 1-3 所示。

表 1-3　职业技能评分表

项目内容	配分	评分标准	扣分	得分
剖削绝缘导线	10 分	1．剖削绝缘导线的方法不正确　扣 5 分 2．导线损伤：刀伤，每根　扣 5 分 钳伤，每根　扣 3 分		
直接连接导线	50 分	1．导线的缠绕方法不正确　扣 20 分 2．导线缠绕得不整齐　扣 10 分		

续表

项 目 内 容	配　分	评 分 标 准	扣　分	得　分
直接连接导线	50 分	3．导线连接不紧、不平直、不圆： 最大处直径>14mm　扣 10 分 再超每 0.5mm 加　扣 5 分 不平直导线>2mm　扣 5 分 同一段面两次测量直径差>2mm　扣 5 分		
恢复绝缘层	20 分	1．包扎方法不正确　扣 10 分 2．渗水：渗入内层绝缘层　扣 15 分 渗入铜线　扣 20 分		
安全文明生产	10 分	1．发生安全事故　扣 10 分 2．材料摆放零乱　扣 5 分		
考核时间	60min	每超过 5min　扣 5 分		

知识链接

一、铜芯（铝芯）线的连接

当导线不够长或要分接支路时，就要进行导线与导线的连接。常用导线的线芯有单股、7 股和 11 股等，连接方法随线芯股数的不同而有所差异。

1．单股铜芯线的直线连接。

（1）绝缘层的剖削长度为铜芯线直径的 70 倍左右，并去掉线芯上的氧化层。

（2）把两线头的线芯成 x 形相交，如图 1-30（a）所示。

（3）然后扳直两线头，使两线头垂直于线芯，如图 1-30（b）所示。

（4）将每个线头在线芯上紧贴并缠绕 6 圈，用钢丝钳切去余下的线芯，并钳平线芯末端，如图 1-30（c）所示。

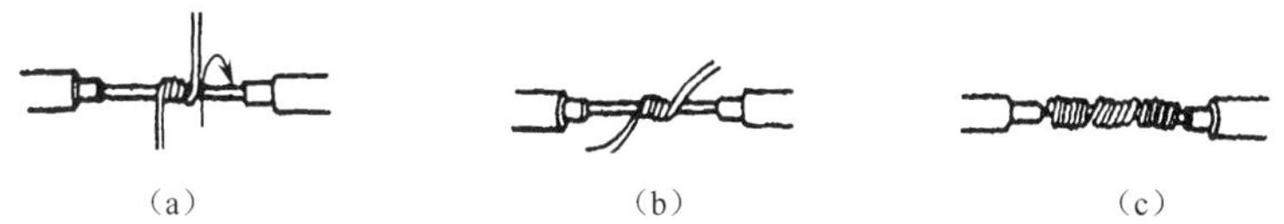

（a）　（b）　（c）

图 1-30　单股铜芯线的直线连接

2．单股铜芯线的分支连接。

（1）将分支线芯的线头与干线线芯十字相交，使支路线芯根部留出 3～5mm，然后按顺时针方向缠绕支路线芯。缠绕 6～8 圈后，用钢丝钳切去余下的线芯，并钳平线芯末端，如图 1-31（a）所示。

（2）截面积较小的线芯可按图 1-31（b）所示的方法环绕成结状，然后把支路线芯的线头抽紧扳直，紧密地缠绕 6～8 圈，剪去多余的线芯，钳平切口毛刺。

（a）　（b）

图 1-31　单股铜芯线的分支连接

3．7 股铜芯线的直线连接。

（1）绝缘层的剖削长度应为导线直径的 21 倍左右。

（2）先把剖去绝缘层的线芯散开并拉直，把靠近根部 1/3 的线芯绞紧，然后把余下的 2/3 线芯头按图 1-32（a）所示的方法分散成伞形，并把每根线芯拉直。

（3）把两个伞形线芯的线头隔根对叉，并拉平两端线芯，如图 1-32（b）所示。

（4）把一端 7 股线芯按 2、2、3 根分成三组，接着把第一组的 2 根线芯扳起，使其垂直于其余线芯，并按顺时针方向缠绕，如图 1-32（c）所示。

（5）缠绕 2 圈后，将余下的线芯向右扳直，再把下边第二组的 2 根线芯向上扳直，按顺时针方向紧紧压着 2 根扳直的线芯，如图 1-32（d）所示。

（6）缠绕 2 圈后，将余下的线芯向右扳直，再把下边第三组的 3 根线芯向上扳直，按顺时针方向紧紧压着前 4 根扳直的线芯向右缠绕，如图 1-32（e）所示。

（7）缠 3 圈后，切去多余的线芯，钳平线端，如图 1-32（f）所示。

（8）用同样的方法缠绕另一端线芯。

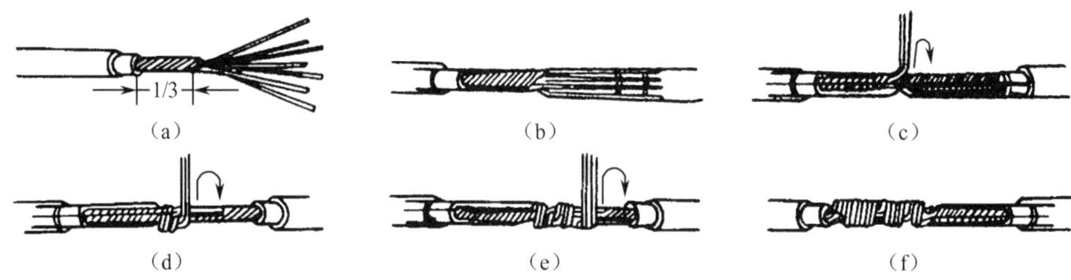

图 1-32　7 股导线的直线连接

4．7 股铜芯线的分支连接。

（1）将 7 股铜芯线散开钳直，线端剖开长度为 *L*，接着把近绝缘层 1/8 的线芯绞紧，把分支线头的 7/8 的线芯分成两组，一组 4 根，另一组 3 根，并排齐。然后用旋凿把干线撬分成两组，再把支线中的 4 根线芯插入干线中的两组线芯中间，而把 3 根线芯的一组支线放在干线线芯的前面，如图 1-33（a）所示。

（2）把右边 3 根线芯的一组在干线右边按顺时针方向紧紧缠绕 3～4 圈，钳平线端，再把左边 4 根线芯的一组线芯按逆时针方向缠绕，如图 1-33（b）所示。

（3）逆时针缠绕 4～5 圈后，钳平线端，如图 1-33（c）所示。

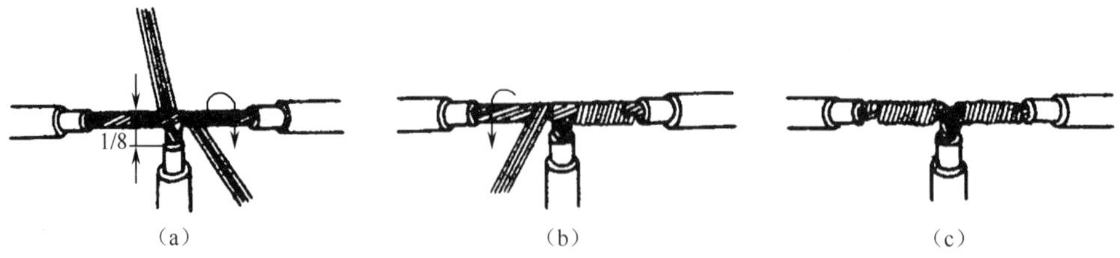

图 1-33　7 股铜芯线的分支连接

二、导线绝缘层的恢复

导线绝缘层破损后必须恢复绝缘层，连接导线后，也须恢复绝缘层。恢复后的绝缘强度不应低于原来的绝缘层的绝缘强度。通常用黄蜡带、涤纶薄膜带和黑胶布作为恢复绝缘层的材料，黄蜡带和黑胶布宽 20mm 较为适中，包扎也方便。

1．绝缘带的包扎方法。

将黄蜡带从导线左边完整的绝缘层上开始包扎，包扎长度达到带宽的两倍后可进入无绝缘层的线芯部分，如图 1-34（a）所示。包扎时，黄蜡带与导线保持约 55° 的倾斜角，每圈压叠带宽 1/2，如图 1-34（b）所示。包扎 1 层黄蜡带后，将黑胶布接在黄蜡带的尾端，按黄蜡带包扎方向的反向斜叠方向包扎 1 层黑胶布，每圈也压叠带宽 1/2，如图 1-34（c）和图 1-34（d）所示。

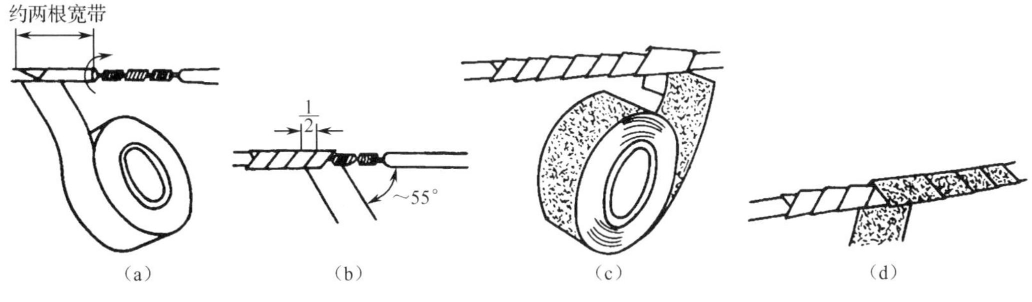

图 1-34　导线绝缘层的包扎方法

2．注意事项。

（1）包扎绝缘带时，不能过疏，更不允许露出线芯，以免造成触电或短路事故。

（2）不可将绝缘带放在温度过高的地方，也不可浸染油类。

任务四　常用仪表的使用与三相异步电动机的拆装与检修

任务目标

1．掌握万用表、兆欧表、钳形电流表，单臂电桥、双臂电桥的使用方法。

2．能熟练读出被测量的大小。

3．能独立拆装小型三相交流异步电动机。

4．能独立检测三相异步电动机性能的好坏。

5．提高自我学习、信息处理、数字应用等方法能力，以及与人交流、与人合作、解决问题等社会能力，自查 6S 执行力。

任务描述

1．使用万用表测量各电量。

2．使用钳形电流表测量交流电流。

3．使用兆欧表测量绝缘电阻。

4．使用直流单臂电桥、直流双臂电桥精确测量较小的电阻。

5．掌握三相异步电动机的拆装与检修方法。

任务实施

1．训练器材。

常用电工工具，万用表、钳形电流表、兆欧表、直流单臂电桥、直流双臂电桥、三相异步电动机、干电池。

2．训练步骤。

（1）按任务清单依次使用各种仪表测量各电量。

（2）小型三相异步电动机的拆装与检修。

1）三相异步电动机三相绕组的直流电阻的测量方法。

a．拆开电动机接线盒上的连片。

b．将万用表量程打至 R×1 挡，然后调零。

c．分别测量三相绕组的直流电阻值并记录。

U 相________　　　V 相__________　　　W 相___________

2）三相异步电动机的三相绕组间的绝缘电阻的测量方法。

a．拆开电动机接线盒上的连片。

b．检查兆欧表的好坏，好的可以使用。

c．将兆欧表的两根测试线分别接到两相绕组上，摇动手柄，由慢渐快至 120r/min 均速，当指针稳定后读数，读数后停止摇动拆线。

d．用同样的方法分别测出另两相之间的绝缘电阻，并记录数据。

U～V_________　V～W__________　W～U__________

3）三相异步电动机的三相绕组的对地绝缘电阻的测量方法。

a．将兆欧表的“L”接线柱接到一相绕组上，将“E”接线柱接到电动机外壳无绝缘层的螺钉上。

b．摇动手柄（方法同 2）。

c．将兆欧表的“L”接线柱接到另两相绕组上测量并记录数据。

U 相________　V 相__________　W 相___________

4）三相平衡的电流测量。

a．将电动机通电运转。

b．按照钳形表的使用方法，分别测出三相电流并记录数据。

U 相________　V 相__________　W 相___________

c．切断电源并拆除与电源的接线。

5）根据测量结果判断该电动机性能的好坏。

安全注意事项

1．万用表的量程不用选得太大，应选择 R×1 挡，测量前必须调零。

2．使用兆欧表前必须检验其好坏，接线应正确。

3．用钳形表测量电流时，不可用小量程测量大电流；被测导线要放置在钳口中间，注意安全。

4．单臂电桥和双臂电桥是精密仪器，必须轻拿轻放，操作规范。

5．拆装电动机时，要注意防止碰伤绕组。

任务评价

职业技能评分表如表 1-4 所示。

表 1-4　职业技能评分表

考核内容	配　分	评分标准		扣　分	得　分
测量直流电阻	30	1．仪表的使用方法有错 2．测试方法有错 3．数据记录有明显错误（如无单位）	每次扣 5 分 扣 10 分 每处扣 5 分		
测量绝缘电阻	40	1．兆欧表的使用方法有错 2．方法错误 3．操作步骤错误 4．读数及数据记录有明显错误或无单位	每处扣 5 分 每次扣 5 分 每次扣 3 分 每处扣 2 分		
测量三相电流	30	1．仪表使用方法有错 2．测量方法有错 3．读数及数据记录有明显错误或无单位	每次扣 5 分 每次扣 5 分 每处扣 2 分		
定额时间	20 分钟	每超时 2 分钟	扣 1 分		
开始时间		结束时间		得分	

知识链接

一、常用仪表的使用方法

1．万用表。

万用表是一种多用途的电工仪表，型号较多，一般可以测量交流电压和直流电压，以及直流电流和电阻，有的万用表还可以测电感、电容、交流电流等。万用表的形式有很多，使用方法虽不完全相同，但基本原理是一样的。

（1）万用表的使用方法。

如图 1-35 所示为 MF30 型万用表的面板图，以此为例说明其使用方法。

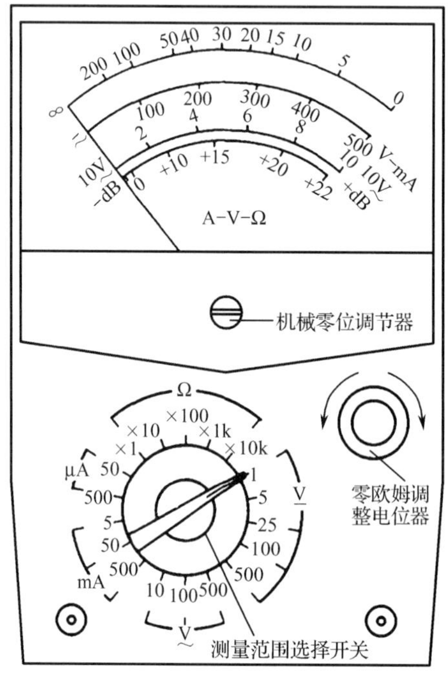

图 1-35　MF30 型万用表的面板图

1）测量直流电压。

将转换开关转到直流电压挡，将红、黑表棒分别插入“+”“-”插座中，直流电压挡有 1V、5V、25V、100V、500V 五个挡位，根据所测电压将转换开关置于相应的测量挡位上。若无法估计所测量电压的数值，可先用万用表的最高测量挡位，若指针偏转很小，再逐级调低到合适的测量挡位。测量时应注意不要搞错正负极。

2）测量交流电压。

电压读数有 10V、100V、500V 三个挡位。测量时，将转换开关转到交流电压挡，测量交流电压不分正、负极，所需量程取决于被测电压的高低。若不知电压，和直流电压的测量方法一样，由高到低，逐级调到合适的挡位。

3）直流电流的测量。

将表棒插入“+”“-”插孔中。旋动旋转开关到直流挡范围内，并选择合适的挡位，然后将电表串接入被测电路中。若电表指针反偏，则将表棒的“+”“-”极对调。直流电流挡有 50μA、500μA、5mA、50mA、500mA 五个挡位。

4）电阻的测量。

将红表笔插入“+”插孔内，将黑表笔插入“-”插孔内，把转换开关转到欧姆挡的适当位置上。先将两表棒短接，旋动调零旋钮，使表针指在电阻刻度“0”处（如果无法调至“0”处，则必须更换电池），然后用表棒测量电阻，面板上有×1、×10、×100、×1k、×10k 五个挡位，即所测电阻的阻值。

（2）使用万用表时的注意事项。

1）在测量时，不能旋动转换开关，特别是在高电压和大电流时，严禁带电转换量程。

2）若不能确定被测量的大约数值，应先将挡位开关旋转到最大挡位上，然后逐级调到适当的挡位，使表针得到合适的偏转。

3）测量直流电流时，万用表应与被测电路串联。

4）测量电路中的电阻阻值时，应将被测电路的电源切断，如果电路中有电容器，应先将其放电，再测量。切勿在电路带电的情况下测量电阻。

5）测量完毕后，最好将转换开关置于交直流电压 500V 的位置上，防止下一次使用时因偶然疏忽未调节测量范围而使电表损坏。

2．钳形电流表。

钳形电流表简称钳形表，是一种携带方便、可在不断点时测量电路中的电流的仪表。它分为交流钳形表和交、直流钳形表两类。交、直流钳形表既可测量交流电流，也可测量直流电流，但因其构造复杂、成本高，所以现在使用的大多是交流钳形表。

（1）钳形电流表的构造。

钳形电流表是一种特制的电流互感器，将其铁芯用绝缘柄分开，可卡住被测物的母线或导线，将装在钳体上的电流表接到装在铁芯上的副线圈两端。常用的钳形表有 T-301 型钳形电流表，如图 1-36 所示。压紧铁芯开关和手柄，使铁芯张开，将通电导体卡入其中，即可直接读出被测电流的大小。

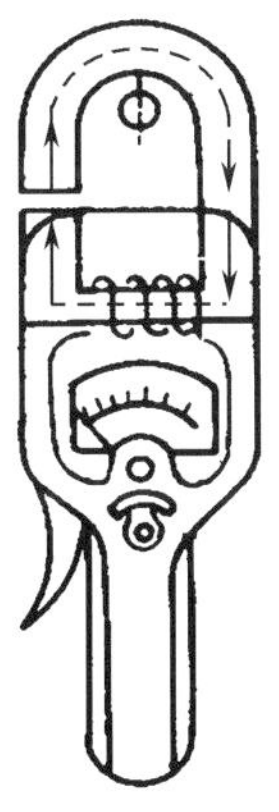

图 1-36　T-301 型钳形电流表

（2）钳形电流表的使用方法及注意事项。

1）钳形电流表不允许测高压线路的电流，被测线路的电压不得超过钳形电流表所规定的数值，以防击穿绝缘层，造成触电事故。

2）使用时，将量程开关转到合适的位置，手持胶把手柄，用食指勾紧铁芯开关，便可打开铁芯，将被测导线置于钳口中央。

3）测量前，先估算电流的大小，选择适当的量程，不能用小量程测量大电流。当不了解所测电流时，应先用较大量程粗测，然后视被测电流的大小减小量程，以准确测量。改变量程时，须将被测导线退出钳口，不能带电旋转量程开关。

4）每次测量只能钳入一根导体，由于钳形电流表的量程较大，在测量小电流时读数困难，误差大，为克服这个缺点，可将导线在铁芯上多绕几匝，再将读得的电流数除以匝数，即可得到实际的电流值。

3．兆欧表。

（1）兆欧表的用途。

兆欧表又称摇表，如图 1-37 所示，是专门用来测量绝缘电阻值的便携式仪表，在电气安装、检修和实验中得到了广泛应用。为了保证电气设备的正常运行和人身安全，必须定期对电动机、电器及供电线路的绝缘性能进行检测。如果用万用表来测量设备的绝缘电阻，测得的只是在低压下的绝缘电阻，不能反映设备在高压条件下工作时的绝缘性能，由于兆欧表本身能产生 500～5000V 的高压电源，因此，用兆欧表测量绝缘电阻，能得到符合实际工作条件的绝缘电阻值。

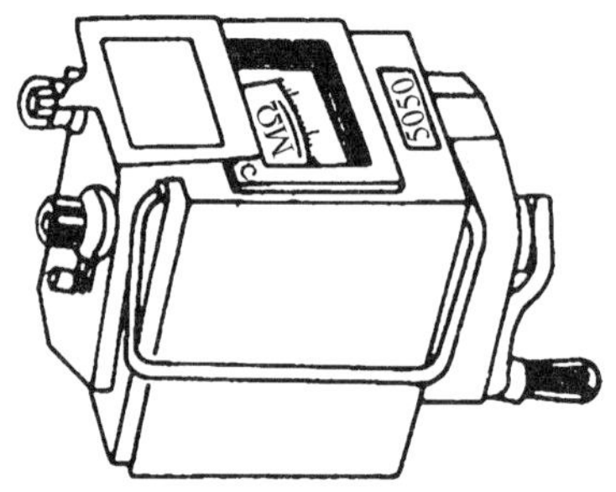

图 1-37　兆欧表

（2）兆欧表的选择。

按电压分，兆欧表通常可分为 500V、1000V、2500V 等种类，高压电气设备的绝缘电阻承受的电压高，须选用电压高的兆欧表进行测试；低压电气设备的绝缘电阻所能承受的电压不高，为了保证设备安全，应选择电压低的兆欧表。选择兆欧表测量范围的原则就是：不使测量范围过多地超出被测绝缘电阻的数值，以免因刻度较大产生较大的误差。另外，还要注意有些电压高的兆欧表的起始刻度不是零，而是 1MΩ 或 2MΩ，不宜用其测量处于潮湿环境中的低压电气设备的绝缘电阻，因其绝缘电阻较小，有可能小于 1MΩ，在仪表上读不到读数，容易误认为其绝缘电阻为 1MΩ 或为零值。

（3）兆欧表的使用方法。

兆欧表上有两个接线端子，一个是“L”接线端子；另一个是“E”接线端子。利用兆欧表可对输电线路及各种电气设备的绝缘电阻进行测量，在测量电缆时要用“G”屏蔽接线端子。用兆欧表测量线路对地绝缘电阻的接线，L 接入线路，E 接地，测量照明线路的绝缘电阻时，应把灯泡卸下来。

4．直流单臂电桥。

直流单臂电桥也叫惠斯登电桥，用来测量中等数值（1～1×10^{5}Ω）的电阻，QJ23 型直流单臂电桥面板如图 1-38 所示。比例臂的倍率分为 0.001、0.01、0.1、1、10、100 和 1000 七挡，由倍率转换开关选择。比较臂由四组可调电阻串联而成，每组均有 9 个相同的电阻，第一组为 9 个 1Ω，第二组为 9 个 10Ω，第三组 9 个 100Ω，第四组为 9 个 1000Ω，由比较臂转换开关调节。面板上的四个比较臂转换开关构成了个位、十位、百位和千位，比较臂的电阻为四组读数之和。

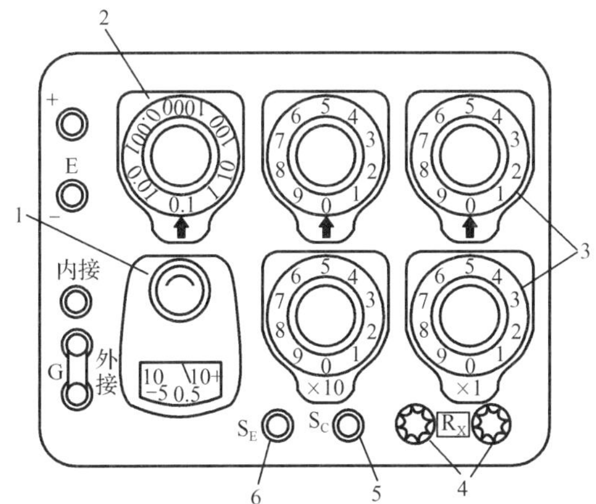

1—检流计　2—倍率转换开关　3—比较臂转换开关

4—被测电阻接线端钮　5—检流计按钮　6—电源按钮

图 1-38　QJ23 型直流单臂电桥面板

直流单臂电桥的使用步骤。

（1）使用前先将检流计的锁扣打开，并调节调零旋钮，使指针位于零。

（2）将被测电阻 R_X 接在接线端钮上，估算 R_X 的阻值范围，选择合适的比例臂倍率，使比较臂的四组电阻都用上。

（3）调节平衡时，先按电源按钮 S_E，再按检流计按钮 S_C；测量完毕后，先松开检流计按钮 S_C，再松开电源按钮 S_E，以防被测对象产生感应电势而损坏检流计。

（4）按下按钮后，若指针向"−"侧偏转，则应减小比较臂的电阻；若指针向"+"侧偏转，则应增大比较臂的电阻；在调节平衡的过程中，不要把检流计按钮按死，待电桥接近平衡时，才可按死检流计按钮，进行细调，否则检流计指针可能因猛烈撞击而损坏。

（5）若使用外接电源，其电压应按规定选择，过高会损坏桥臂电阻，太低则会降低灵敏度。若使用外接检流计，应将内附的检流计用短路片短接，将外接检流计接至外接端钮上。

（6）测量工作结束后，先拆除电源，再拆除被测电阻，将检流计的锁扣锁上，以在防搬动过程中检流计被震坏。

5．直流双臂电桥。

直流双臂电桥也叫凯尔文电桥，用来测量 1Ω 以下的小电阻（如变压器电压分接开关的接触电阻、油开关或其他电气设备的接触电阻）。常用的 QJ42 型直流双臂电桥的面板如图 1-39 所示，其中右上角是 $E_{外}$外接电源的两个端钮"+""−"，以及电源选择开关 $E_{外}$；下面是已知电阻调节盘，可在 0.5～11Ω 的范围内调节平衡。左上角是倍率选择开关，有×10^{-4}、×10^{-3}、×10^{-2}、×10^{-1}、×1 五挡，其下面是检流计。面板左面是 C_1、P_1、P_2、C_2 四个端钮，用来连接被测电阻 R_X。电桥平衡后，用电阻调节盘的阻值乘以倍率，即可得到被测电阻 R_X 的阻值。

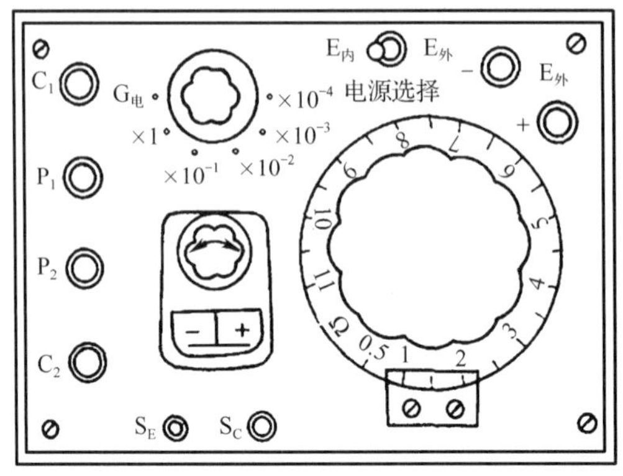

图 1-39　QJ42 型直流双臂电桥的面板

使用直流双臂电桥时，按照直流单臂电桥的使用步骤操作即可，还应注意以下几点。

（1）被测电阻应与电桥的电位端钮 P_1、P_2，以及电流端钮 C_1、C_2 正确连接，若被测电阻没有专门的接线，可从被测电阻的两个接线头引出四根连线，注意要将电位端钮 P_1、P_2 接至电流端钮 C_1、C_2 的内侧，如图 1-40 所示。

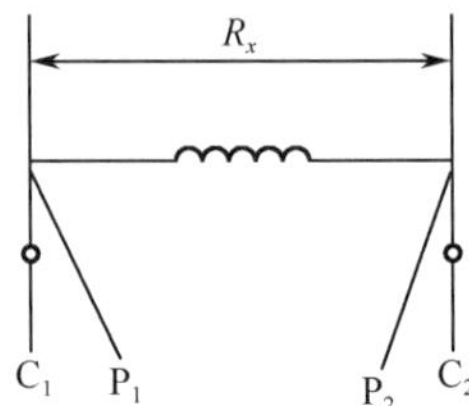

图 1-40　被测电阻的电位端钮和电流端钮的接法

（2）连接导线应尽量短而粗，接线头要除尽漆和锈，并接紧，尽量减小接触电阻。

（3）直流双臂电桥的工作电流很大，测量时操作要快，以免耗电过多。测量结束后应立即断开电源。

二、三相异步电动机的拆装与检修

1．三相异步电动机的型号及结构。

（1）三相异步电动机的型号。

三相异步电动机具有结构简单、价格低廉、坚固耐用、检修与维修方便等优点，在工农业生产中获得了广泛应用。

Y 系列三相异步电动机是 20 世纪 80 年代我国生产的最先进的三相异步电动机。它采用 B 级绝缘，功率等级与机座均比 JO2 系列同机座号升高一级功率，效率比 JO2 系列平均提高 0.41%，堵转转矩比 JO2 系列提高 33%，噪声比 JO2 系列平均降低了 5～10dB，质量比 JO2 系列平均轻 12%；但其功率因数比 JO2 系列略有降低。

Y 系列电动机的功率等级、技术条件、机座安装尺寸、接线序号与国际电工委员会(IEC)的标准相同，这样利于出口及进口设备的国产化。其型号表示方法为

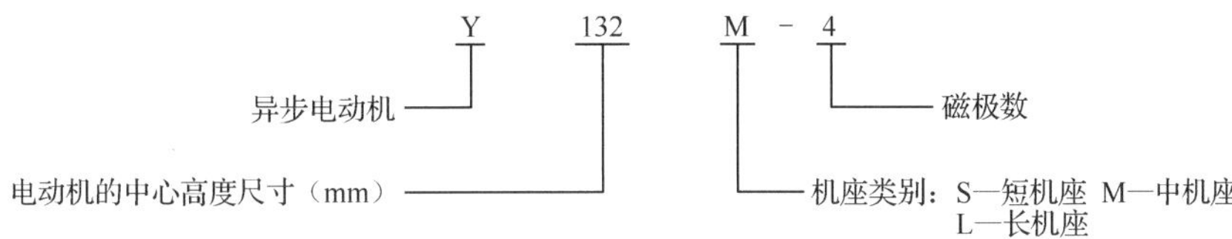

JO2 系列电动机的型号标注为

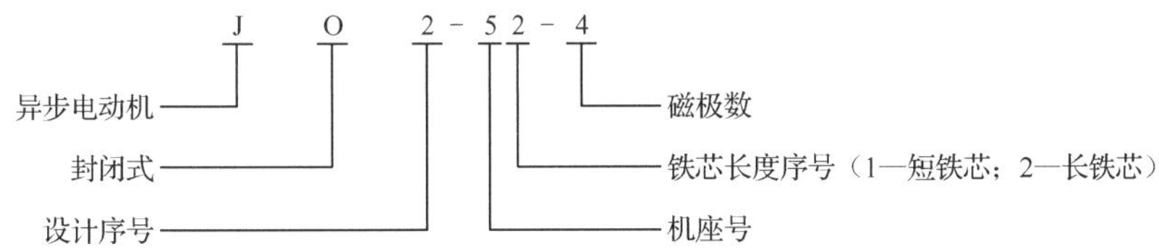

（2）三相异步电动机的结构。

三相笼型异步电动机的结构如图 1-41 所示。

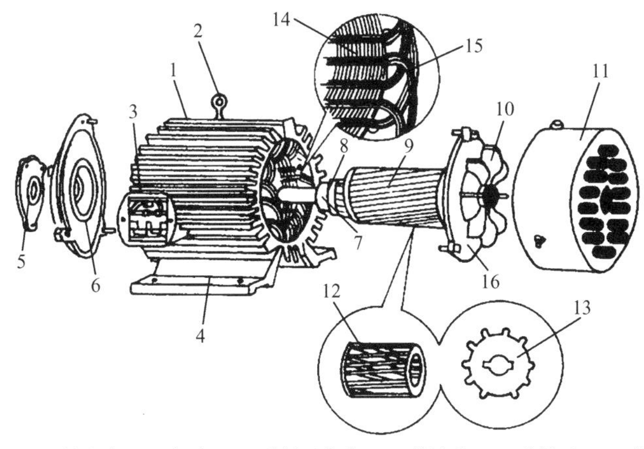

1—散热筋　2—吊环　3—接线盒　4—机座　5—前轴承外盖　6—前端盖　7—前轴承　8—前轴承内盖　9—转子　10—风叶　11—风罩　12—笼型转子绕组　13—转子铁芯　14—定子铁芯　15—定子绕组　16—后端盖

图 1-41　三相笼型异步电动机的结构

2．三相异步电动机的安装与运行。

（1）电动机的选配。

合理选择电动机是正确使用电动机的前提，因为电动机的使用环境、负载情况各不相同，所以在选择电动机时要全面考虑。

1）根据电源种类、电压、频率的高低来选择。电动机的工作电压的选定应以不增加启动设备的投资为原则。

2）根据电动机的工作环境选择防护形式。

3）根据负载的匹配情况选择电动机的功率。

4）根据电动机的启动条件来选择电动机。

5）根据负载情况来选择电动机的转速。

6）在具有相同功率的情况下，要优先选用电流小的电动机。

（2）电动机控制保护装置。

电动机对控制保护装置的要求如下。

1)每台电动机必须装备一套能单独进行操作控制的控制开关和单独进行短路及过载保护的保护电器。

2）使用的开关设备应结构完整、功能齐全，有可靠的接通和分断电动机工作电流及切断故障电流的能力。

3）开关和保护装置的标牌应参数清晰、分断标志明显、安全可靠。

（3）开关设备的选装要求。

1）功率在 0.5kW 以下的电动机允许用插座直接控制电源的通断。如果进行频繁操作，则应在插座板上安装熔断器。

2）功率在 3kW 以下的电动机可采用 HK 系列开启式负荷开关，开关的额定电流必须大于电动机额定电流的 2.5 倍，且必须在开关内安装熔体的位置上用铜丝接通，并在开关后一级装上一道熔断器，以防严重过载短路。

3）功率在 3kW 以上的电动机可选用 HZ 系列组合开关、DZ5 系列小型低压断路器、CJ10 型或 CJ20 型交流接触器等，对各类开关的选用可查阅有关电工手册。

4）功率较大的电动机的启动电流较大。为了不影响其他电气设备正常运行和保证线路安全，必须加装启动设备，减小启动电流。常用的启动设备有 Y－△启动器和自耦补偿启动器等。

（4）电动机操作开关及熔断器的安装。

开关必须安装在既便于监视电动机和设备运行情况，又便于操作，且不易被人触碰而造成误动作的位置，通常装在电动机的右侧。

1）小型电动机在不频繁操作、不换向、不变速时，可只用一个开关。

2）需频繁操作开关时，或需进行换向和变速操作时，则需装两个开关。前一级开关用来控制电源，称为控制开关，常用铁壳开关、低压断路器和转换开关。后一级开关用来直接操作电动机，称为操作开关，如启动器，启动器就是操作开关。

3）凡无明显分断点的开关，如电磁启动器，必须装两个开关，即在前一级装一个有明显分断点的开关（如刀开关、组合开关等）作为控制开关。凡容易产生误动作的开关，如手柄倒顺开关、按钮等，也必须在前一级加装控制开关，以防开关误动作而造成事故。

4）安装熔断器时，熔断器必须与开关装在同一控制板上或同一控制箱内。凡作为保护用的熔断器，必须装在控制开关的后级和操作开关（包括启动开关）的前级。

5）用低压断路器作为控制开关时，应在低压断路器的前一级加装一道熔断器，进行双重保护。当热脱扣器失灵时，能由熔断器起保护作用，同时可兼作隔离开关之用，以便维修时切断电源。

6）采用倒顺开关和电磁启动器操作时，前级用分断点明显的组合开关作为控制开关（一般机床的电气控制常用这种形式），必须在两级开关之间安装熔断器。

7）三相回路中分别安装的熔丝的规格、型号应相同，并应串联在三根相线上。

8）安装电压表和电流表时，对于大中型和要求较高的电动机，为了便于监控，按

图 1-42 所示的方法安装。电压表通常只装一个，通过换相开关进行换相测量，电压表的量程为 400V。要求较高的应装三个电流表，各相都串接电流表；一般要求的可在第二相串接一个电流表，电流表的量程应大于额定电流的 2～3 倍，以保证启动电流通过。当电动机的额定电流较大时，通常采用互感器进行测量，电流互感器的规格同样要大于电动机额定电流的 2～3 倍，配用电流互感器的电流表的规格一般为 5A。电流互感器与电流表的配用接线图如图 1-43 所示。电动机接线盒内有一块接线排，三相绕组的六个线头分上下两排排列，如图 1-44 所示。

在电网电压既定的条件下，根据电动机铭牌的额定电压可按图 1-44 进行接线。如果电动机出现反转，把任意两根电源线的线头对换位置即可。

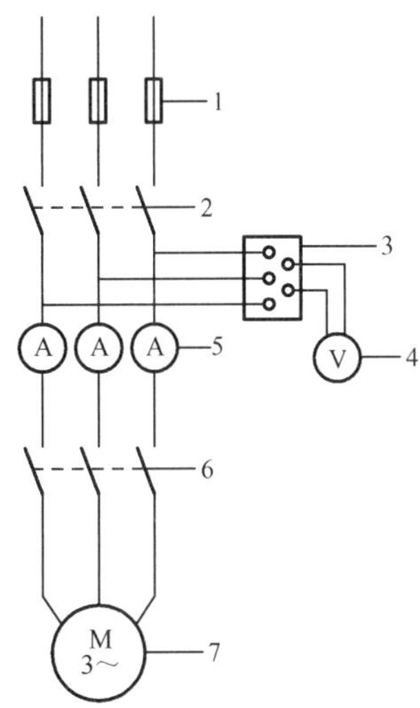

1—隔离熔断器　2—控制开关　3—电压表换相开关　4—电压表　5—电流表　6—操作开关　7—电动机

图 1-42　电流表和电压表的接线图

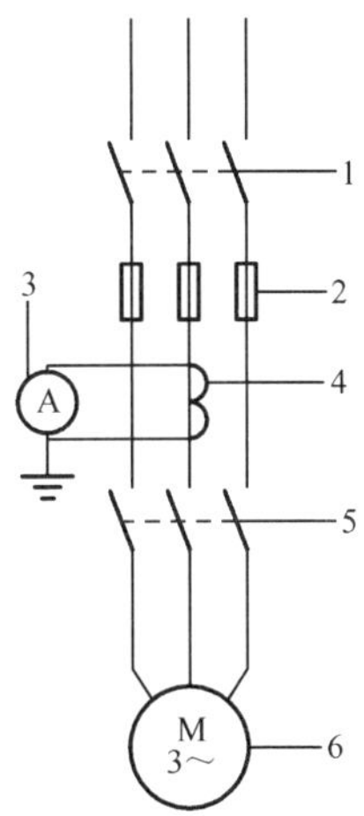

1—控制开关　2—保护熔断器　3—电流表　4—电流互感器　5—操作开关　6—电动机

图 1-43　电流互感器与电流表的配用接线图

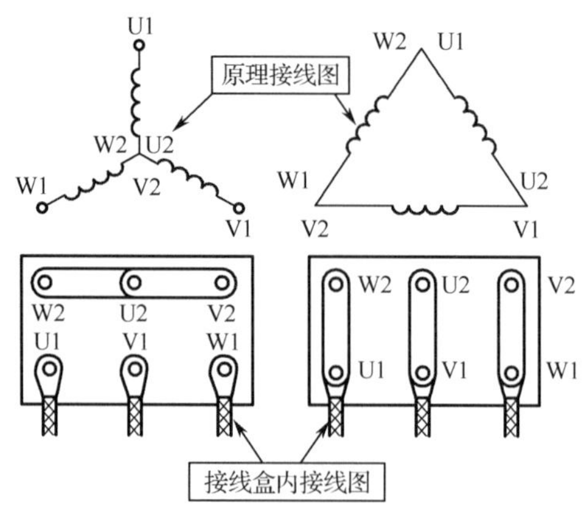

（a）绕组Y形接法　　（b）绕组△形接法

图 1-44　电动机的接线方式

三相异步电动机定子绕组的出线端标志如表 1-5 所示。

表 1-5　三相异步电动机定子绕组的出线端标志

定子绕组相序	一 般 代 号		1965 年国家标准		1980 年国家标准	
	首　端	尾　端	首　端	尾　端	首　端	尾　端
第一相	A	X	D1	D4	U1	U2
第二相	B	Y	D2	D5	V1	V2
第三相	C	Z	D3	D6	W1	W2

3．三相异步电动机的运行与维护。

电动机的运行规程与注意事项如下。

（1）启动电动机前应先检查是否有电、电压是否正常、各启动装置有无损坏、触点是否良好、各传动装置的连接是否牢固、电动机转子和负载转轴的转动是否灵活。同时，搬开电动机周围的杂物，并清除机座表面的灰尘、油垢等。

（2）同一线路上的电动机不应同时启动，应从大到小逐一启动，避免因启动电流大、电压降低而造成开关设备跳闸。合闸时应先合控制开关，再合操作开关；断闸时，应先断操作开关，再断控制开关，切不可反相操作。更不允许只断操作开关，而不断控制开关。

（3）接通电源后电动机不转，应立即切断电源，切不能迟疑等待，更不能带电检查电动机故障，否则将会烧毁电动机并发生危险。电动机运行时出现异常声响、异味，或出现过热、颤动、熔体经常熔断、导线连接处有火花等异常现象时，应立即拉闸，停电查找原因。

（4）经常查看电动机的温度、电流、电压等是否正常，随时了解电动机是否有过热、过载等现象。

（5）经常查看电动机的传动装置是否运转正常，传动带和传动齿轮、联轴器是否跳动；轴承有无磨损，润滑状况是否良好。采用油环润滑时，查看轴承中的油环是否旋转，油环是否沾着油。

（6）对于绕线转子异步电动机，还应检查滑环上有无火花。

4．三相异步电动机的拆卸与装配。

在使用电动机时，因检查、维护等原因，需经常拆卸与装配电动机。只有掌握正确的拆卸与装配技术，才能保证电动机的修理质量。

（1）三相异步电动机的拆卸。

1）拆卸前的准备工作。

a．准备好拆卸场地及拆卸电动机的专用工具，如图 1-45 所示。

b．做好记录或标记。在线头、端盖等处做好标记；记录好联轴器与端盖之间的距离及电刷装置把手的行程（指绕线式异步电动机）。

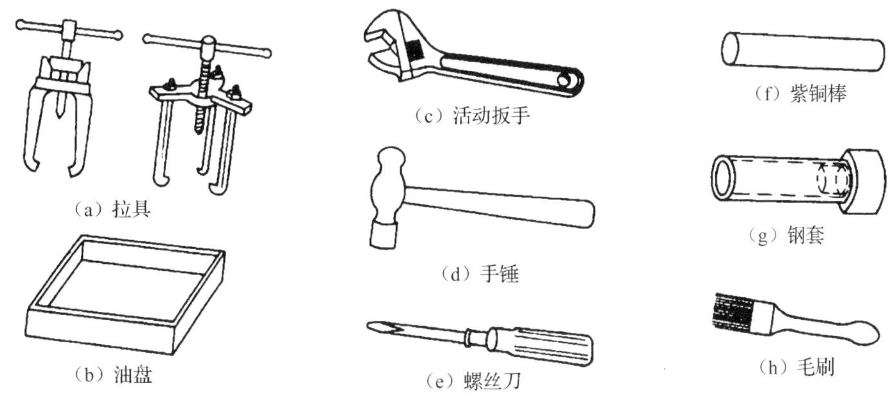

图 1-45　电动机拆卸常用工具

2）电动机的拆卸步骤。

a．切断电源，拆卸电动机与电源的连接线，并对电源线头做好绝缘处理。

b．卸下传动带，卸下地脚螺栓，将螺母、垫片等小零件用一个小盒装好，以免丢失。

c．卸下传动带轮或联轴器。

d．卸下前轴承外盖和端盖（要先提起绕线转子电动机，拆除电刷、电刷架及引出线）。

e．卸下风罩和风扇。

f．卸下后轴承外盖和后端盖。

g．抽出或吊出转子（注意不要损伤绕线转子电动机的滑环面和刷架）。

对于配合较紧的新的小型异步电动机，为了防止损坏电动机表面的油漆和端盖，可按如图 1-46 所示的顺序进行拆卸。

（2）三相异步电动机的装配步骤。

三相异步电动机的装配步骤与拆卸步骤相反。

5．三相异步电动机定子绕组首末端的判别方法。

当三相异步电动机的定子绕组（三相绕组）重绕后或将三相绕组的连接片拆开以后，三相绕组的六个接线头往往不易分清，首先必须正确判别三相绕组的六个接线头的首末端，才能将电动机正确接线并投入运行。六个接线头的首末端的判别方法有以下三种。

（1）36V 交流电源法。

1）用万用表的欧姆挡先将三相绕组分开。

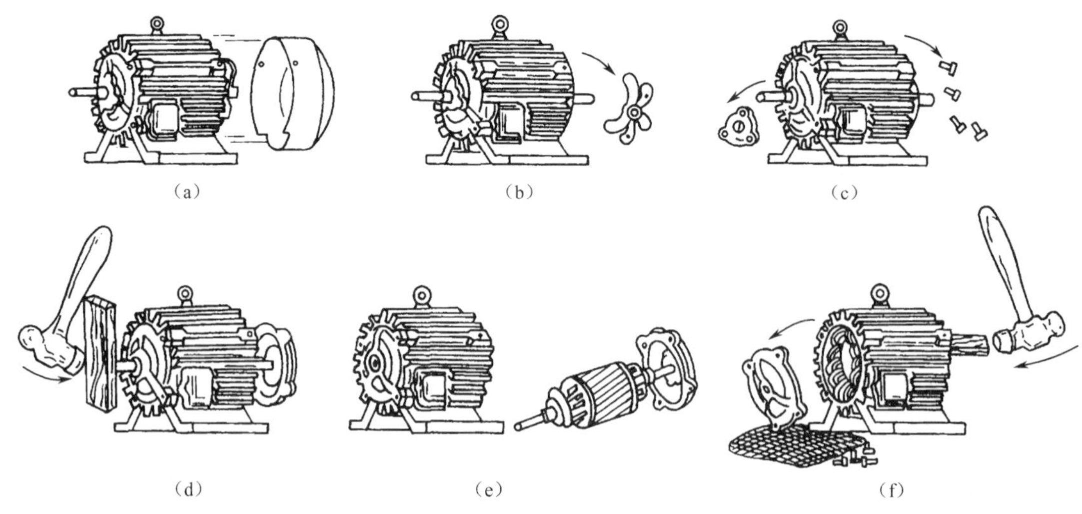

图 1-46　电动机的拆卸步骤

2）给分开后的三相绕组的六个接线头假设编号，分别编为 U1、U2；V1、V2；W1、W2。然后按图 1-47 把任意两相中的两个接线头（如 V1 和 U2）连接起来，构成两相绕组串联。

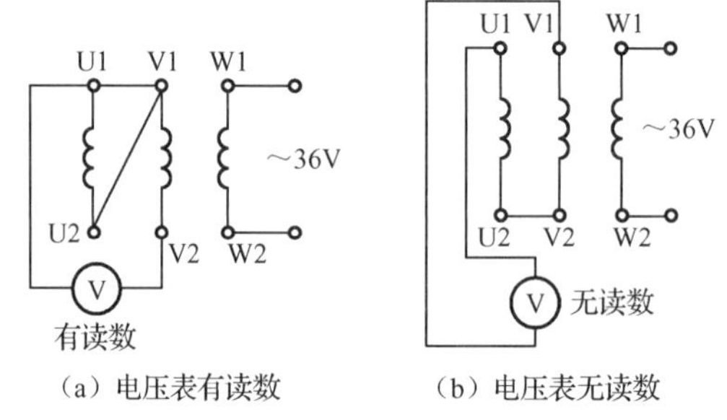

图 1-47　用低压交流电源法检查绕组首末端

3）在另外两个线头（V2 和 U1）上接交流电压表。

4）在 W1 和 W2 上接 36V 的交流电源，如果电压表有读数，说明接线头 U1、U2 和 V1、V2 的编号正确。如果无读数，则把 U1、U2 或 V1、V2 中任意两个接线头的编号对调一下即可。

5）同样可判定 W1、W2 两个线头。

（2）剩磁感应法。

1）用万用表的欧姆挡先将三相绕组分开。

2）给分开后的三相绕组假设编号，分别为 U1、U2；V1、V2；W1、W2。

3）按图 1-48 接线，用手转动电动机的转子。由于电动机的定子及转子铁芯中通常有少量的剩磁，当磁场变化时，在三相绕组中将有微弱的感应电动势产生，此时若并接在绕组两端的微安表（或万用表的微安挡）的指针不动，则说明假设的编号是正确的；若指针有偏转，说明其中有一相绕组的首末端的假设编号不对。应逐相对调重测，直到正确为止。这种方法最适合进行首尾端判别后的正确性检验。

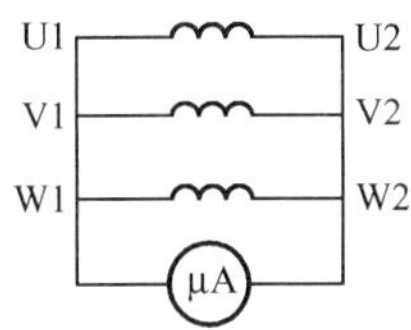

图 1-48　用剩磁感应法检查绕组首末端

（3）电池法。

1）同前面的方法一样先分清三相绕组，并进行假设编号。

2）按图 1-49 接线，合上电池开关的瞬间，若微安表指针摆向大于零的一边，则接电池正极的接线头与微安表负极所接的接线头同为首端（或同为末端）。

3）再将微安表接另一相绕组的两个接线头按上述方法判定首末端即可。

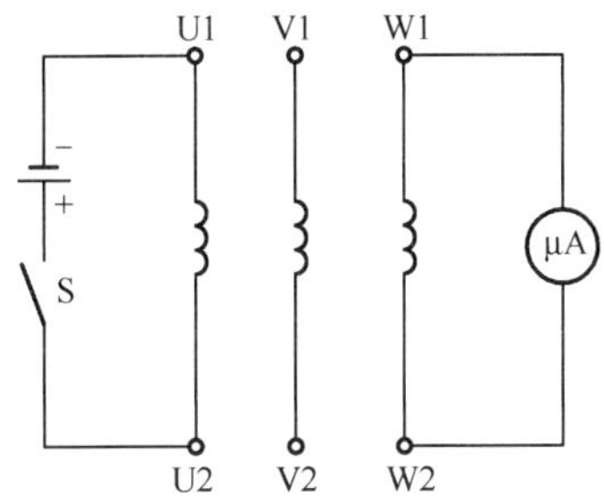

图 1-49　用电池法检查绕组首末端

任务五　常用照明线路及量电装置

任务目标

1．掌握一般室内线路的安装技能。

2．熟悉量电装置的安装方法。

3．提高自我学习、信息处理、数字应用等方法能力，以及与人交流、与人合作、解决问题等社会能力，自查6S执行力。

任务描述

安装简单照明控制电路。

任务实施

1．训练器材。

配电板1块、熔断器2只、双控开关2只、接线盒4只、灯泡1只、日光灯1套、常用工具1套、万用表1只、木螺丝若干、护套线若干、胶布若干。

2．训练步骤。

（1）室内线路安装。

1）定位及划线。

2）敷设导线。

3）固定线卡。

4）固定熔断器、开关盒、灯座、插座等。

5）安装日光灯。

6）检查线路并通电试验。

（2）量电装置的安装。

1）单相电度表的安装。

2）三相四线制直接式电度表的安装。

3）三相三线式直接式电度表的安装。

4）三相四线制间接式电度表的安装。

安全注意事项

1．使用电工刀、螺丝刀时注意用力适当，以防失控伤手。

2．用钢丝钳、尖嘴钳时用力要均匀，以免损伤线芯。

3．穿戴好劳保用品。

4．试车时必须验电。

5．火线必须进开关。

任务评价

职业技能评分表如表 1-6 所示。

表 1-6　职业技能评分表

考核内容	配分	评分标准		扣分	得分
护套线配线	50 分	1. 护套线不平直　　每根扣 5 分 2. 剖削导线时有损伤　　每处扣 5 分 3. 护套线线芯损伤　　每处扣 5 分 4. 线卡安装不符合要求　　每处扣 2 分			
灯具及插座安装	50 分	1. 安装线路错误　　每次扣 25 分 2. 元器件安装不符合要求　　每处扣 10 分 3. 电气元件损坏　　每只扣 20 分 4. 火线未进开关　　扣 15 分			
考核时间	120 分钟	每超时 5 分钟扣 5 分，不足 5 分钟按 5 分钟计			
开始时间		结束时间		评分	

知识链接

一、室内线路的安装

1．单联开关控制白炽灯。

用一只单联开关控制一盏白炽灯的接线电路图如图 1-50 所示。

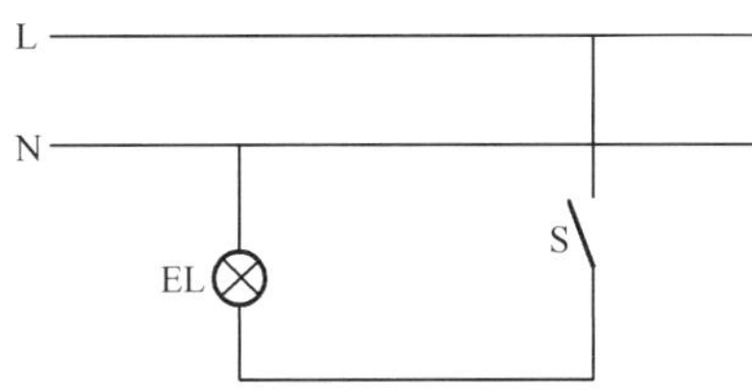

图 1-50　用一只单联开关控制一盏白炽灯的接线电路图

2．双联开关控制白炽灯。

用两只双联开关控制一盏白炽灯的接线电路图如图 1-51 所示。

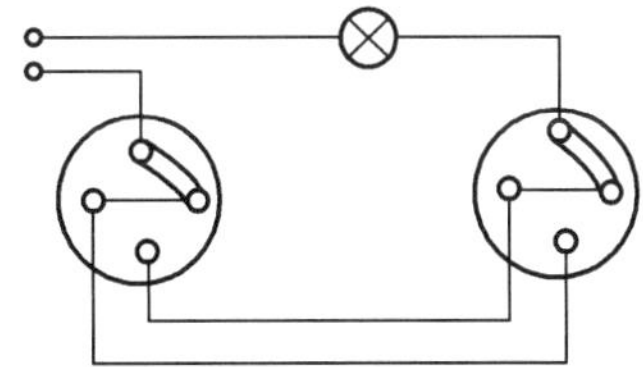

图 1-51　用两只双联开关控制一盏白炽灯的接线电路图

3．日光灯的工作原理及安装。

（1）日光灯的工作原理图。

图 1-52 所示为日光灯的工作原理图。

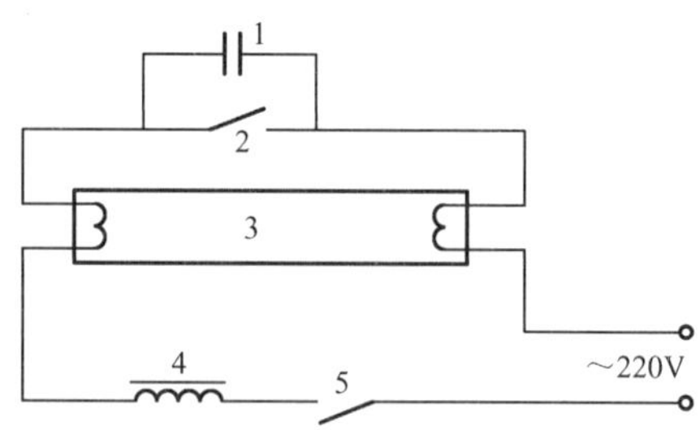

图 1-52　日光灯的工作原理图

（2）日光灯的工作原理。

如图 1-52 所示，当日光灯接通电源后，电源电压经过镇流器、灯丝，加在起辉器的∩型动触片和静触片之间，引起辉光放电。放电时产生的热量使双金属∩型动触片膨胀并向外伸张，与静触片接触，接通电路，使灯丝预热并发射电子，与此同时，由于∩型动触片和静触片相接触，使动触片和静触片间的电压为零而停止辉光放电，使∩型动触片冷却并复原，脱离静触片，在动触片断开的瞬间，镇流器两端会产生比电源电压高得多的感应电动势，此感应电动势加在灯管两端，使灯管内的惰性气体被电离而引起辉光放电，随着灯管内的温度升高。液态汞汽化游离，引起汞蒸汽弧光放电而发出肉眼看不见的紫外线，紫外线激发灯管内壁的荧光粉后，会发出近似月光的灯光。

镇流器还有另外两个作用，一是在灯丝预热时限制灯丝的预热电流值，防止电流值过大而烧断，并保证灯丝电子的发射能力。二是在灯管起辉后，维持灯管的工作电压，限制灯管的工作电流在额定值内，以保证灯管能稳定工作。

并联在氖泡上的电容有两个作用：一是与镇流器线圈形成 LC 振荡电路，延长灯丝的预热时间，维持感应电动势，二是能吸收干扰收音机和电视机的交流杂声。当电容击穿时，将其拿掉后，起辉器仍能使用。

（3）日光灯线路的安装图如图 1-53 所示。

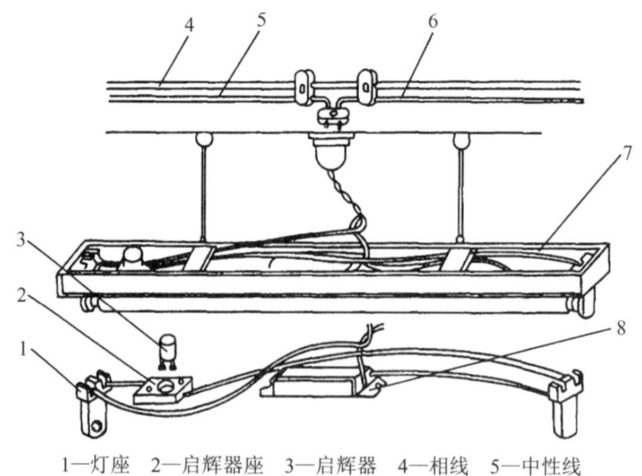

1—灯座　2—启辉器座　3—启辉器　4—相线　5—中性线

6—与开关的连接线　7—灯架　8—镇流器

图 1-53　日光灯线路的安装图

二、量电装置的安装

量电装置通常由进户总熔丝盒、电能表、电流互感器、控制开关、短路和过载保护电器等部分组成。一般将总熔丝盒装在内墙上，而将电流互感器、电能表安装在同一块配电板上，如图1-54所示。

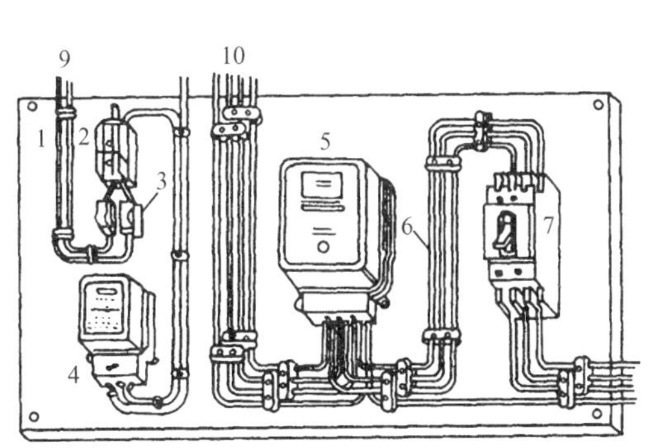

（a）小容量配电板

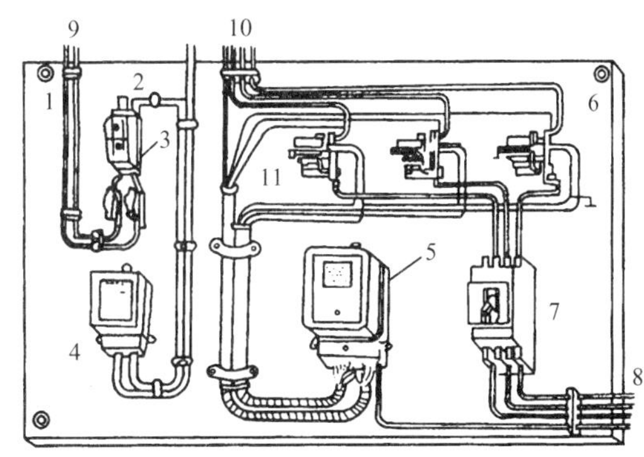

（b）大容量配电板

1—照明部分 2—总开关 3—用户熔断器 4—单相电能表 5—三相电能表 6—动力部分 7—动力总开关 8—接分路开关 9—接用户 10—接总熔丝盒 11—电流互感器

图1-54 量电装置示意图

1．总熔丝盒的安装。

常用的总熔丝盒分为铁皮盒式和铸铁壳式两种。铁皮盒式总熔丝盒分为1型～4型四种规格。1型最大，盒内能装三只200A的熔断器；4型最小，盒内能装三只10A或一只30A的熔断器及一个接线桥。铸铁壳式总熔丝盒分为10A、30A、60A、100A和200A五种规格，均只能单独装一只熔断器。

总熔丝盒的作用是防止下级电力线路故障蔓延到前级配电干线上，造成更大区域的停电；能加强计划用电的管理（考虑到低压用户总熔丝盒内的熔体规格，低压用户总熔丝盒一般由供电单位放置，并在盖上加封）。

（1）总熔丝盒应安装在户内侧，如图1-55所示。

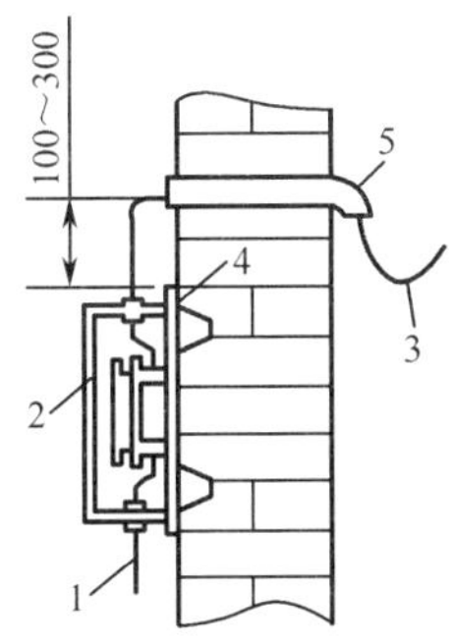

1—电能表总线 2—总熔丝盒 3—进户线 4—实心木版 5—进户管

图1-55 总熔丝盒的安装

（2）总熔丝盒必须安装在实心木板上，木板表面及四周必须涂防火漆。安装时，1型铁皮盒式和 200A 的铸铁板应用穿墙螺栓或膨胀螺栓固定在建筑面上，其余各种木板可用木螺钉来固定。

（3）总熔丝盒内的熔断器的上接线柱应与进户线的电源相线连接，接线桥的上接线柱应与进户线的电源中性线连接。

（4）如果安装多个电能表，则在每个电能表的前面应分别安装总熔丝盒。

2．电流互感器的安装。

（1）电流互感器次级（二次回路）标有“K1”或“+”的接线柱要与电能表电流线圈的进线桩连接；标有“K2”或“-”的接线柱要与电能表的出线桩连接，不可接反。电流互感器的初级（一次回路）是标有“L1”或“+”的接线柱，应接电源进线桩，标有“L2”或“-”的接线柱应接出线桩，如图 1-56 所示。

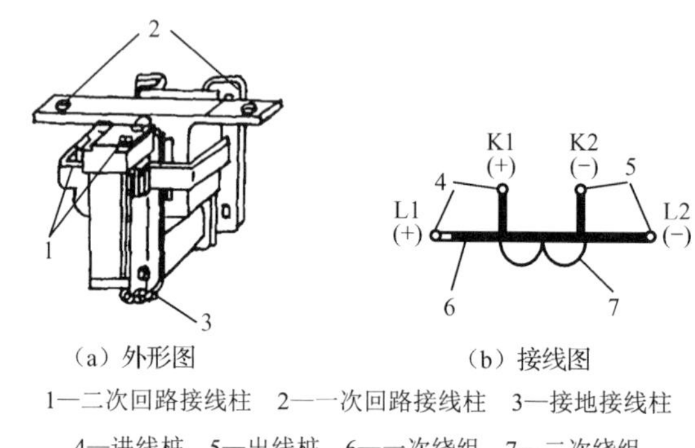

（a）外形图　（b）接线图

1—二次回路接线柱　2—一次回路接线柱　3—接地接线柱

4—进线桩　5—出线桩　6—一次绕组　7—二次绕组

图 1-56　电流互感器

（2）电流互感器二次侧的“K2”或“-”接线柱的外壳和铁芯都必须可靠接地，电流互感器应装在电能表的上方。

3．电能表的安装。

电能表有单相电能表和三相电能表两种，它们的接线方法各不相同。

（1）单相电能表的接线。

单相电能表共有 4 个接线柱，从左到右按 1、2、3、4 编号，一般 1、3 接电源进线，2、4 接电源出线，如图 1-57 所示。也有些单相电能表的接线是按照 1、2 接电源进线，3、4 接电源出线设置的，所以具体的接线方法应参照电能表接线盒盖子上的接线图。

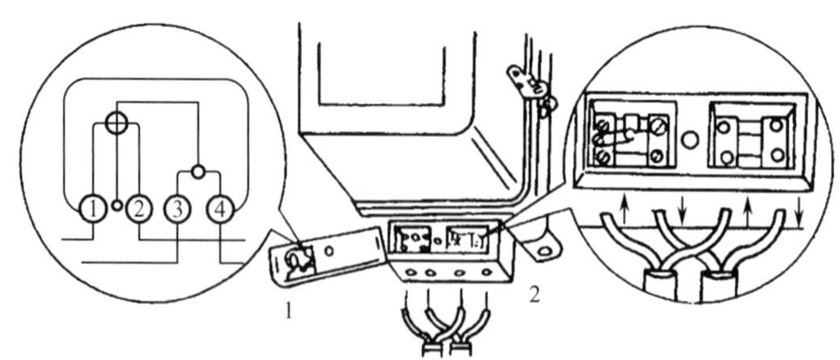

1—接线柱盖子　2—进行接线

图 1-57　单相电能表的接线

（2）三相电能表的接线。

三相电能表有三相三线制和三相四线制电能表两种；按接线方式划分可分为直接式和间接式两种。常用直接式三相电能表的规格有 10A、20A、30A、50A、75A 和 100A 等多种，一般用于电流较小的电路上；间接式三相电能表常用的规格是 5A，与电流互感器连接后，用于电流较大的电路上。

1）直接式三相四线制电能表的接线。

这种电能表共有 11 个接线孔，从左至右按 1、2、3、4、5、6、7、8、9、10、11 编号，其中，1、4、7 是电源相线的进线孔，用来连接从总熔丝盒上引出来的三根相线；3、6、9 是相线的出线孔，分别接总开关的三个进线接线柱；10、11 是电源中性线的进线孔和出线孔；2、5、8 三个接线孔可空着，如图 1-58 所示，其连接片不可拆卸。

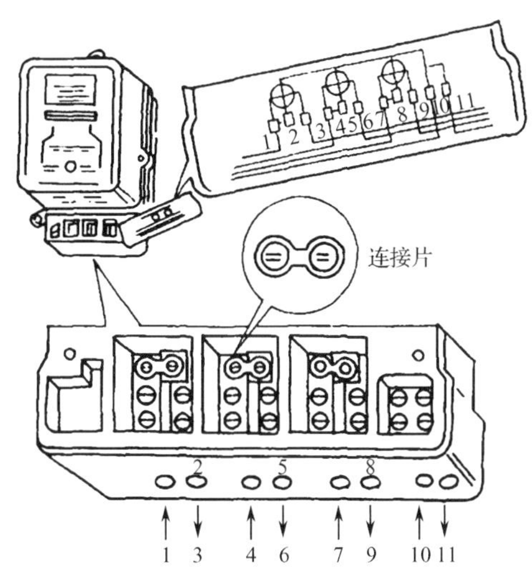

图 1-58　三相电能表的接线盒

2）直接式三相三线制电能表的接线。

这种电能表共有 8 个接线孔，其中，1、4、6 是电源相线的进线孔；3、5、8 是电源相线的出线孔；2、7 两个接线孔可空着，如图 1-59 所示。

3）间接式三相四线制电能表的接线。

这种三相电能表需配用三只不同规格的电流互感器，接线时把从总熔丝盒上引出的三根相线分别与三只电流互感器一次侧的“+”接线柱连接。同时用三根绝缘导线从这三个“+”接线柱引出，穿过钢管后分别与电能表的 2、5、8 三个接线孔连接。接着用三根绝缘导线从三只电流互感器二次侧的“+”接线柱引出，穿过另一根钢管与电能表的 1、4、7 三个进线孔连接。然后用一根绝缘导线穿过后一根保护钢管，一端连接三只电流互感器二次侧的“-”接线柱。另一端连接电能表的 3、6、9 三个出线孔，并把这根导线接地。最后用绝缘导线把三只电流互感器一次侧的“-”接线柱连接起来，并把电源中性线穿过前一根钢管与电能表的 10 进线孔连接。接线孔 11 是用来连接中性线的出线孔，如图 1-60 所示。接线时，应先将电能表接线盒内的三块连接片都拆下来。

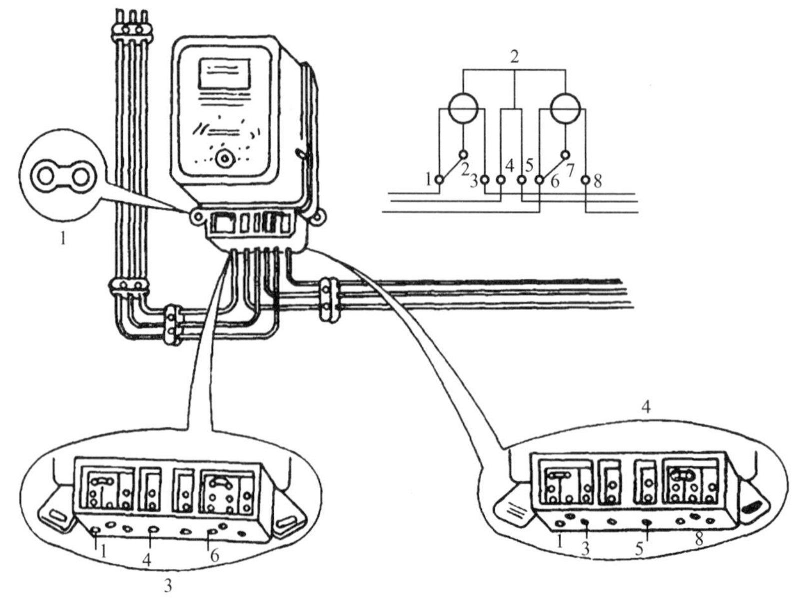

1—连接片　2—接线图　3—进线的连接　4—出线的连接

图 1-59　直接式三相三线制电能表的接线

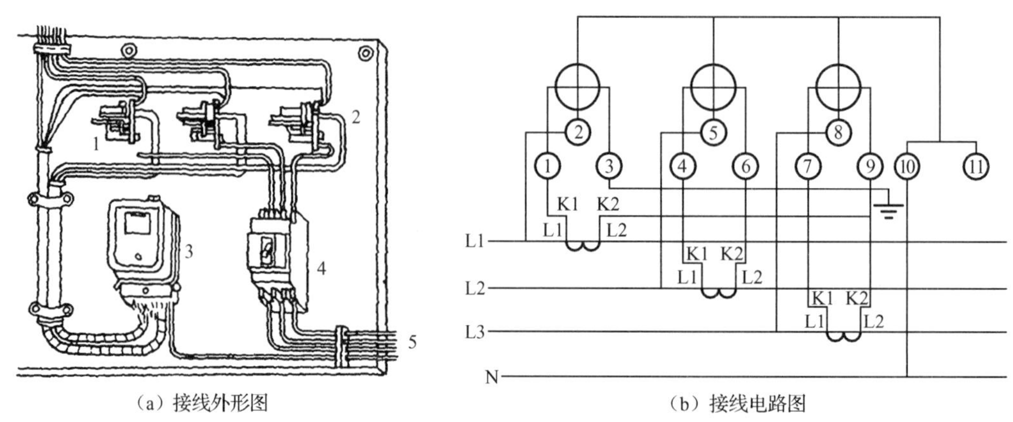

（a）接线外形图　　（b）接线电路图

1—电流互感器　2—动力部分　3—三相电能表　4—总开关　5—接分路开关

图 1-60　间接式三相四线制电能表的接线

4）间接式三相三线制电能表的接线。

这种三相电能表需配用两只同规格的电流互感器。接线时，把从总熔丝盒接线柱上引出来的三根相线中的两根相线分别与两只电流互感器一次侧的“+”接线柱连接。同时将两个“+”接线柱用铜芯塑料硬线（穿过钢管）分别接到电能表的 2、7 接线孔上，接着从两只电流互感器二次侧的“+”接线柱用两根铜芯塑料硬线引出，并穿过另一根钢管分别接到电能表的 1、6 接线孔上。然后用一根导线从两只电流互感器二次侧的“-”接线柱引出，穿过后一根钢管接到电能表的 3、8 接线孔上，并把这根导线接地。最后将总熔丝盒上余下的一根相线和从两只电流互感器一次侧的“-”接线孔引出的两根绝缘导线接到总开关的三个进线柱上，同时从总开关的一个进线柱（总熔丝盒引入的相线柱）引出一根绝缘导线，穿过前一根钢管，接到电能表的4接线柱上，如图1-61所示。同时注意，应将三相电能表接线盒内的两块连接片都拆下来。

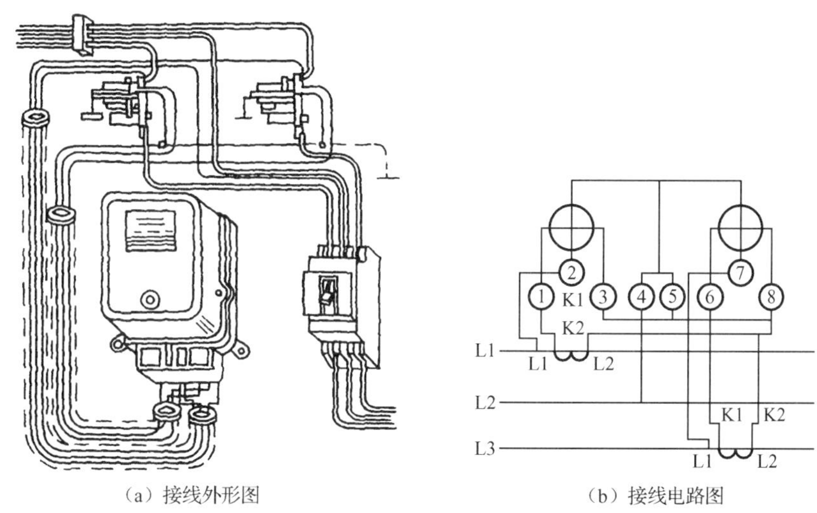

（a）接线外形图　　（b）接线电路图

图1-61　间接式三相三线制电能表的接线

（3）电能表的安装注意事项。

1）电能表总线必须采用钢芯塑料硬线，其最小截面不得小于1.5mm^2，中间不准有接头，自总熔丝盒至电能表之间的沿线敷设长度不宜超过10m。

2）电能表总线必须明线敷设，采用线管安装时，线管也必须明装。在进入电能表时，一般以“左进右出”的原则接线。

3）必须垂直于地面安装电能表，表的中心离地面的高度应在1.4～1.5m之间。

4．漏电保护器。

（1）漏电保护器的功能和分类。

当低压电网发生人身触电或设备漏电时，若能迅速地切断电源，就可以使触电者脱离危险或使漏电设备停止运行，从而避免造成事故。在发生触电或漏电时，能在规定时间内自动完成切断电源的装置称为漏电保护器。

1）漏电保护器的功能。

漏电保护器安装在中性点直接接地的三相四线制低压电网中，防止人身触电和由于漏电引起的火灾、电气设备烧损及爆炸事故等。其主要功能是提供间接接触保护。当其额定动作电流在30mA及以下时，也可以作为直接接触保护的补充保护。

2）漏电保护器的分类。

漏电保护器是根据运行方式、电路原理、动作原理、保护功能、安装形式、极数和线数、过电流保护特性、漏电动作时间特性、额定漏电动作电流可调性、结构性特征、接线方式等进行分类的。通过对漏电保护器的分类，有助于从各个不同的方面了解漏电保护器的结构、性能及工作原理。

a．按工作原理分类：可分为电压型漏电保护器、电流型漏电保护器（又有电磁式、电子式和中性点接地之分）和电流型漏电保护继电器。

b. 按动作电流值分类：可分为高灵敏度漏电保护器（额定漏电动作电流为 5～30mA）、中灵敏度漏电保护器（额定漏电动作电流为 50～1000mA）、低灵敏度漏电保护器（额定漏电动作电流为 1000mA 以上）。

c. 按动作时间分类：可分为瞬时型漏电保护器、延时型漏电保护器和反时限型漏电保护器。

瞬时型漏电保护器的一般动作时间不超过 0.25s。

延时型漏电保护器在控制回路中增加了延时电路，使其动作时间达到一定的延时，一般规定一个延时级差为 0.2s。

反时限型漏电保护器的动作时间随着动作电流的增大而在一定范围内缩短。一般电子漏电保护器都有一定的反时限特性。在额定漏电动作电流下，其动作时间为 0.2～1s。在 1.4 倍的额定漏电动作电流下，其动作时间为 0.1～0.5s；在 4.4 倍的额定漏电动作电流下，其动作时间小于 0.05s。

（2）DZL18～20 型集成电路单相漏电保护器的工作原理。

这种漏电保护器由主开关、试验回路、零序电流互感器、压敏电阻、电子放大器、晶闸管及脱扣器组成。DZL18～20 型集成电路单相漏电保护器的零序电流互感器选用 IJ85 坡莫合金材料制成。由于集成电路采用内部稳压，具有功耗低、温漂小和稳定性好的特点，它能接受漏电信号并与基准信号比较。当漏电电流超过基准信号时，立即放大并输出具有一定驱动功率的信号。集成电路漏电保护器的零序电流互感器设计得较小，二次回路线圈有 500 匝，在一次回路电流达到 30mA 时，能保证有 20～25mV 的电压输出。为了克服电子式漏电保护器耐过电压能力低的缺点，线路中引入 MYH 型压敏电阻作为过电压吸收元器件。

DZL18～20 型集成电路单相漏电保护器的额定电压为 220V（50Hz），二极；额定漏电动作电流有 30mA、15mA 和 10mA 三种；对应的漏电不动作电流为 15mA、7.5mA 和 6mA，动作时间小于 0.1s。

脱扣器采用拍合式电磁系统，因为其结构简单、加工便利、成本低。

（3）漏电保护器的选用。

要合理地选用漏电保护器，一方面应根据被保护对象的不同要求选择；另一方面应最大限度利用漏电保护器所具有的功能，取得电路总体上的协调配合。在经济与技术合理的基础上，确保用电的可靠性。错误的选型不仅不能达到保护目的，还会失去保护作用，造成事故时拒动或无事故时误动，因此，正确合理地选择漏电保护器是实施漏电保护措施的关键，应根据以下几方面来选择漏电保护器。

1）根据国家技术标准。

2）根据保护对象。

3）根据环境要求。

4）根据被保护电网正常泄漏电流的大小。

5）根据漏电保护器的保护功能。

6）根据负荷种类。

7）根据被保护电网的运行电压、负荷电流和供电方式。

8）根据分级保护动作特性协调配合的要求。

在选用漏电保护器时，首先应使其额定电压和电流大于（或等于）线路的额定电压和计算负载电流。其次应使其脱扣器的额定电流大于（或等于）线路计算电流，其极限通断能力应大于（或等于）线路最大短路电流。最后，线路末端单相对地短路电流与漏电保护器瞬时脱扣器的整定电流之比应大于（或等于）1.25。

对特殊负荷和场所应按其特点选用漏电保护器。

1）为医院中的医疗电气设备安装漏电保护器时，应选用额定漏电动作电流为 10mA 的快速动作漏电保护器。

2）对于安装在潮湿场所的电气设备，应选用漏电动作电流为 15～30mA 的快速动作漏电保护器。

3）对于安装于游泳池、喷水池、水上游乐场、浴室的照明线路，应选用额定漏电动作电流为 10mA 的快速动作漏电保护器。

4）在金属物体上工作，操作手持电动工具或行灯时，应选用额定漏电动作电流为 10mA 的快速动作漏电保护器。

5）对于连接室外架空线路的电气设备，应选用冲击电压不动作型漏电保护器。

6）对带有架空线路的总漏电保护电路，应选择中、低灵敏度及延时保护动作的漏电保护器。

任务六　接地装置的安装与维修

任务目标

1. 掌握接地的意义及接地的范围。

2. 掌握接地装置的种类、应用范围及技术要求。

3. 能够制作接地体。

4. 掌握接地电阻的测量方法。

5. 提高自我学习、信息处理、数字应用等方法能力，以及与人交流、与人合作、解决问题等社会能力，自查 6S 执行力。

任务描述

1. 制作和安装接地装置。

2. 测量接地电阻。

任务实施

1. 训练器材。

接地电阻测量仪、万用表、锯弓、榔头、角钢、扁钢等。

2. 训练步骤。

1. 制作和安装接地装置。

（1）接地装置如图 1-62 所示。

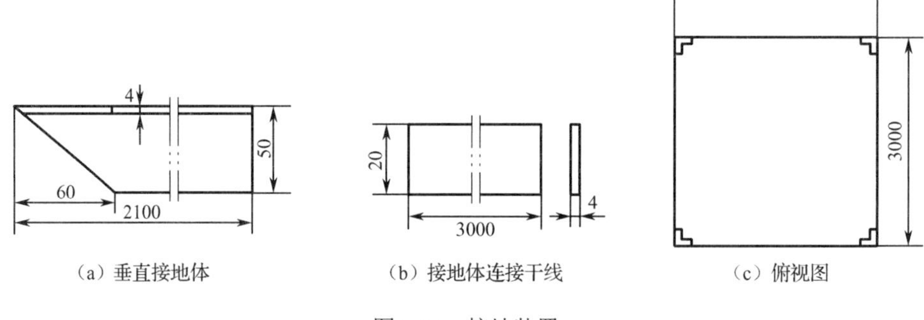

图 1-62　接地装置

（2）材料如表 1-7 所示。

（3）加工接地体。

1）按图 1-62（a）所示的尺寸要求落料。

2）角钢如有弯曲，则应矫正。

3）按图 1-62（a）所示的尺寸加工尖点。

（4）加工接地体连接干线，按图 1-62（b）所示的尺寸落料，如有弯曲，应矫正平直。

（5）按图 1-62（c）在地面画线，定好接地体的安装位置。

（6）用打桩法逐一将四支接地体垂直打入地面，顶端露出地面 150mm，将四周的土夯实。

2．测量接地电阻。

（1）用接地电阻兆欧表和万用表法逐一测量四支接地体的接地电阻并填入下表，比较结果。

（2）用电焊焊接接地体与连接干线的所有连接面，组成接地网。

（3）用接地电阻兆欧表测量接地网的接地电阻并填入下表，与万用表法比较。

（4）用万用表法测量接地网的接地电阻并填入表 1-8，与兆欧表法比较。

表 1-7 用接地电阻兆欧表测量接地网的接地电阻

配件名称	材料（mm）	材料来源	件数
接地体	4×50×2100 角钢	备料	4
接地体与连接干线	4×50×300 扁钢	备料	4

表 1-8 用万用表法测量接地网的接地电阻

测量方法	接地体的接地电阻（Ω）				接地网的接地电阻（Ω）
	1	2	3	4	
兆欧表法					
万用表法					

安全注意事项

1．制作垂直接地体的角钢，如有弯曲，一定要矫正平直，否则不易打入地面，且接地体与土壤之间有缝隙，增大接地电阻。

2．用打桩法安装接地体时，扶持接地体者的双手不要紧握接地体，只要保证其竖直且稳定，不要摇摆即可；否则打入地面的接地体会与土壤产生缝隙，增大接地电阻。

3．用电焊焊接接地体与接地干线的连接面时，所有焊接面要平整，焊缝均应焊透。焊接后，要敲去焊渣，检查质量，不合格处要重新焊接。

4．安装时，要注意操作安全。

任务评价

职业技能评分表如表 1-9 所示。

表 1-9 职业技能评分表

项目内容	配分	评分标准	扣分	得分
兆欧表法	50 分	1．兆欧表使用不正确 扣 40 分 2．漏填数据 每处扣 3 分		
万用表法	50 分	1．测量方法不正确 扣 30 分 2．数据计算错误 扣 20 分 3．漏填数据 每处扣 3 分		

续表

项目内容	配分	评分标准	扣分	得分
安全文明生产	10分	每违反一次　　扣5分		
工时20小时			评分	

知识链接

一、接地技术的概述

1．接地的意义。

接地是利用大地作为电力系统，在正常运行、发生故障和遭受雷击等情况下提供对地电流的回路，从而保证整个电力系统中，包括发电、变电、输电、配电和用电各个环节的电气设备、装置和人员的安全。

接地就是电力系统中的电气设备或装置的某一点（接地点）与大地之间用导体进行可靠又符合技术要求的电气连接，如电动机、变压器和开关设备的外壳接地。

2．接地的分类。

接地有工作接地、保护接地、防雷及防过电压接地、防静电接地等多种。在电力系统中，应用得最多的是工作接地和保护接地。

（1）工作接地。

在电力系统中，因设备运行需要而进行的工作性质上的接地叫工作接地。例如，配电变压器低压侧中性点的接地。

（2）保护接地。

在电力系统中，在使用带有各种金属外壳的电气设备、装置及用电器具时，因保护性质需要（主要用来保护人体免遭电击）而进行的外壳接地叫作保护接地。

3．接地技术的有关名词。

在讨论接地装置的分类、应用、技术要求和安装工艺等问题之前，先介绍一些基本的接地技术中的常用名词的含义。

（1）土壤电阻率。

土壤电阻率指构成大地的物质的导电性能，又称大地电阻率或地电阻率。由于构成大地的物质成分比较复杂，因此土壤电阻率的变化范围很大。如泥土的电阻率小于砂石的电阻率；水分多的泥土的电阻率小于水分少的泥土的电阻率。而水分中的含盐浓度越高，则电阻率越小。在接地工程中经常遇到的土壤电阻率一般在5～5000Ω·m的范围内。

（2）接地体。

接地体又称接地棒或接地极，是指埋入大地中直接与土壤接触的金属导体，是接地装置的主要元器件。凡是流入大地的电流，经由接地体散发到四周的土壤中时，便以接地体为中心构成电流场和地面的电位分布区域。越接近接地体，电流密度越大，地面电位也越高。电位分布区域一般在15～20m的半径范围内，超出这个范围的地面电位接近于零电位。

（3）接地电阻。

接地电阻包括接地装置的导体电阻、接地体与土壤之间的接触电阻、接地电流在土壤中的散流电阻。在实际情况中，由于接地装置的导体电阻很小，往往忽略不计。接触电阻取决于接地体表面积的大小和接地体的安装质量。散流电阻则取决于土壤电阻率。

（4）接触电势。

接触电势指在有电位分布的地面上，设备接地点与地面某一点之间存在的电位差。如果人体触及这两点，所承受到的电压称为接触电压。人体承受的接触电压的程度取决于通过人体的对地电流和人体的对地电阻的大小，它的数值等于通过人体的对地电流乘以人体的对地电阻。

（5）跨步电压。

跨步电压指在具有电位分布的地面上，当人体的两脚跨入这一地面时，前后两脚之间因存在电位差而形成的电势，两脚所承受的电压称为跨步电压。由于散流电阻的分布是不均匀的，所以地面的电位分布也是不均匀的。越接近接地体，跨步电压越高；在离开接地体 15～20m 及以上时，电位趋于零，跨步电压也趋于零。

（6）接地和接零。

接地和接零的全称分别是低压保护接地和低压保护接零，是两种运用于低压设备外壳的接地保护形式。

低压电网有中性点接地和中性点不接地的两种供电系统。在低压电网中性点非直接接地的系统中，电气设备外壳不与零线连接，而与独立的接地装置连接，称为低压保护接地。在低压电网中性点直接接地的系统中，电气设备外壳与零线连接，称为低压保护接零。

（7）重复接地。

重复接地是指在零线的每个重要分支线路上都进行一次可靠接地的保护接地方式。在采用保护接零的系统中，如果零线在一处中断，若该处还有一台设备外壳带电，短路电流与电源零线无法构成回路，就会造成该处以外的全部设备外壳都带电，将威胁人身安全。为了避免这种危险，必须采用重复接地的保护措施。

二、接地装置的分类和技术要求

1．接地装置的分类。

接地装置如图 1-63 所示，由接地体和接地线两部分组成。接地装置按接地体的多少可分为三种组成形式。

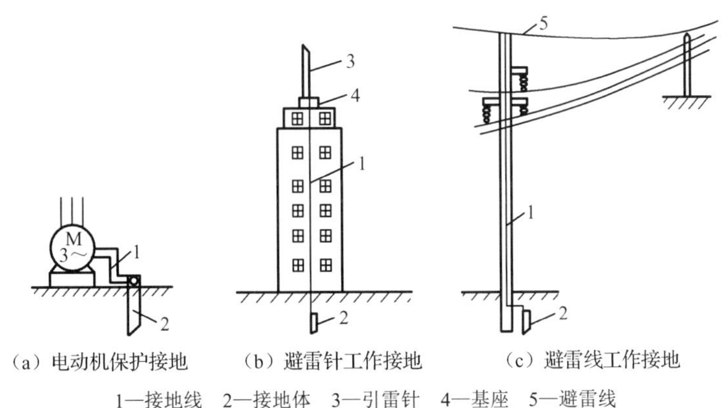

（a）电动机保护接地　（b）避雷针工作接地　（c）避雷线工作接地

1—接地线　2—接地体　3—引雷针　4—基座　5—避雷线

图 1-63　接地装置

（1）单极接地装置（简称单极接地）。

它由一支接地体构成，接地线一端与接地体连接，另一端与设备的接地点连接，如图 1-64 所示。它适用于对接地要求不太高和设备的接地点较少的场所。

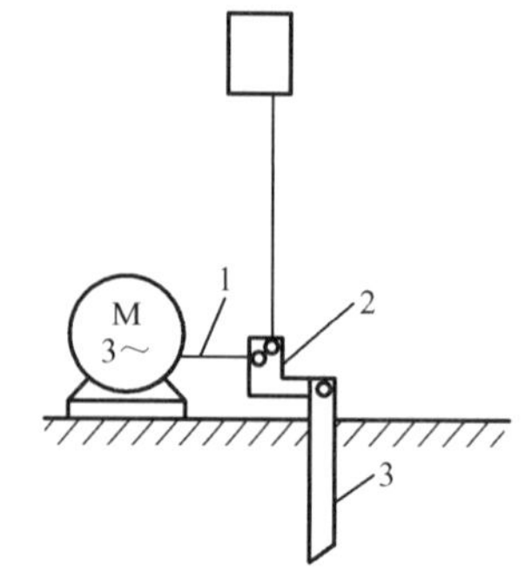

1—接地支线　2—接地干线　3—接地体

图 1-64　单极接地装置

（2）多极接地装置（简称多极接地）。

它由两支以上的接地体构成，各接地体之间用接地干线连成一体，形成并联，从而减少了接地装置的接地电阻。接地支线一端与接地干线连接，另一端与设备的接地点直接连接，如图 1-65 所示。多极接地装置的可靠性强，适用于对接地要求较高且设备接地点较多的场所。

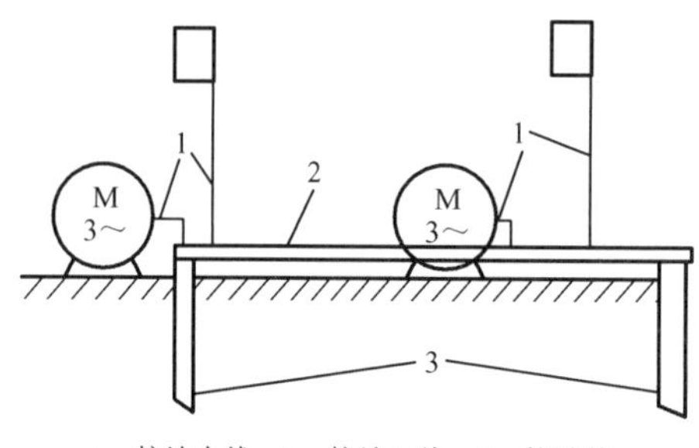

1—接地支线　2—接地干线　3—接地体

图 1-65　多极接地装置

（3）接地网络（简称接地网）。

它是用接地干线将多支接地体互相连接所形成的网络，如图 1-66 所示。接地网络既方便群体设备的接地需要，又加强了接地装置的可靠性，也减小了接地电阻。适用于配电所，以及接地点多的车间、工场或露天作业等场所。

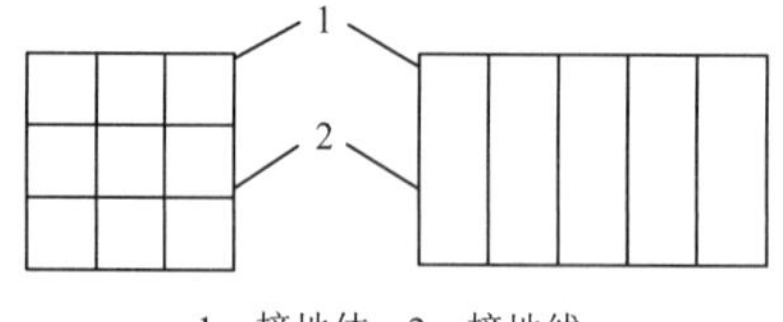

1—接地体　2—接地线

图 1-66　接地网络

2．接地装置的技术要求。

接地装置的技术要求主要指接地电阻的要求，原则上接地电阻越小越好，考虑到经济合理，接地电阻以不超过规定的数值为准。

对接地电阻的要求：单独使用避雷针和避雷线时的接地电阻应小于 10Ω；配电变压器低压侧中性点的接地电阻应在 0.5～10Ω 间；保护接地的接地电阻应不大于 4Ω。当多个设备共用一副接地装置时，接地电阻应以要求最高的为准。

三、接地体的安装

1．人工接地体的制作。

人工接地体一般都是用结构钢制成的，其规格如下：角钢的厚度应不小于 4mm；钢管的管壁厚度不小于 3.5mm；圆钢直径不小于 8mm；扁钢厚度不小于 4mm，其截面积不小于 $48mm^2$。

材料不应有严重的锈蚀，弯曲的材料必须矫正平直后方可使用。

2．人工接地体的安装方法。

（1）垂直安装方法。

1）垂直安装接地体的制作方法。

垂直安装的接地体通常用角钢或钢管制成。长度一般在 2～3m 之间，但不能小于 2m，下端要加工成尖形。用角钢制作时，尖点应在角钢的钢脊上，且两个斜边要对称。用钢管制作时，要单边斜削保持一个尖点。凡用螺钉连接的接地体，应先钻好螺钉孔。为便于连接，要在接地体的上端有所操作，如图 1-67 所示。

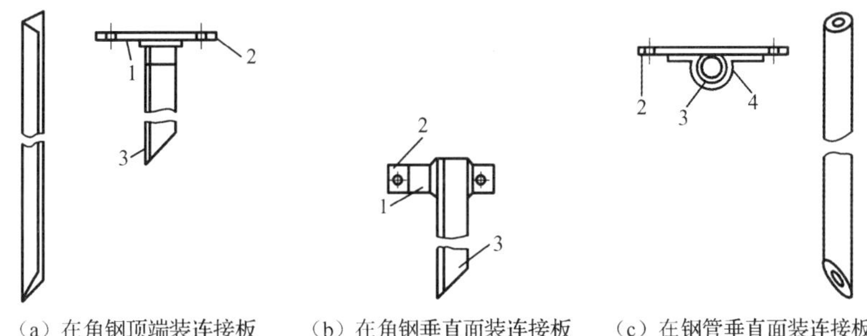

（a）在角钢顶端装连接板　（b）在角钢垂直面装连接板　（c）在钢管垂直面装连接板

1—加固镶块　2—接地干线连接板　3—接地体　4—骑马镶块

图 1-67　垂直安装接地体

2）安装方法。

采用打桩法将接地体打入地下，接地体应与地面垂直，不可歪斜，如图 1-68 所示。打入地面的有效深度应不小于 2m。多极接地或接地网的接地体与接地体之间在地下应保持 2.5m 以上的直线距离。

用锤子敲打角钢时，应敲打角钢的角脊处；若是钢管，则锤击力应集中在尖端的切点位置。否则不但打入困难，且不易打直，会使接地体与土壤产生缝隙，增加接触电阻。

将接地体打入地面后，应在其四周填土夯实，以减小接触电阻。若接地体与接地体的连接干线在地下连接，应先将其用电焊焊接，再填土夯实。

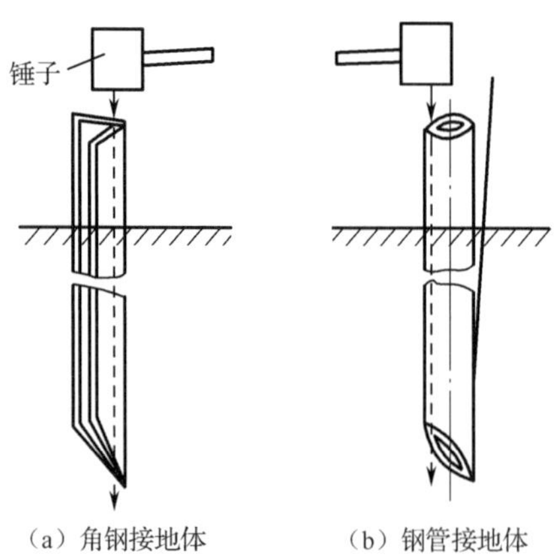

图 1-68　垂直接地体的安装

（2）水平安装方法。

1）水平安装接地体的适用场合与要求。

一般只适用于土层浅薄的地方，接地体通常由扁钢或圆钢制成。一端弯成向上的直角，便于连接；如果接地线采用螺钉压接，应先钻好螺钉孔。接地体的长度取决于安装条件和接地装置的结构形式。

安装时采用挖沟填埋法，应将接地体埋入地面 0.6m 以下的土壤中，如图 1-69 所示。如果是多极接地或接地网，接地体之间应相隔 2.5m 以上。

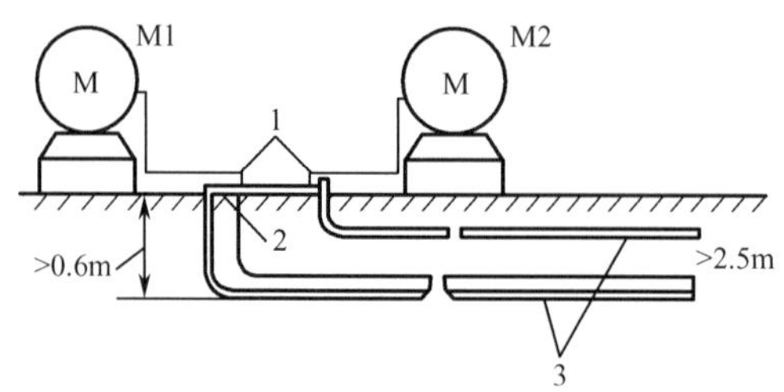

1—接地支线　2—接地干线　3—接地体

图 1-69　水平安装接地体

2）安装接地体的措施。

在土壤电阻率较高的地层安装接地体，必须采取以下三种措施。

a．在土壤电阻率不太高的地层，要增加接地体的数量。

b．在土壤电阻率较高的地层，可在每支接地体周围 0.5m 以下、1.2m 以上的地层中填放化学填料。

c．在土壤电阻率很高的地层，应采用挖坑换土的方法。

四、接地线的安装

接地线是指接地干线和接地支线的总称，若只有一副接地装置，不存在接地支线，则是指接地体与设备接地点间的连接线。

接地干线是接地体之间的连接线，或是一端连接接地体，另一端连接各接地支线的连接线。

接地支线是接地干线与设备接地点间的连接线。

接地线的选用。

1．用于输电配电系统的工作接地线应满足下列规定。

10kV 避雷器的接地支线宜采用多股铜芯或铝芯的绝缘电线或裸线；接地线可用铜芯或铝芯的绝缘电线或裸线，也可选用扁钢、圆钢或镀锌铁丝绞线，截面积应不小于 16mm^2。用作避雷针或避雷线的接地线的截面积应不小于 25mm^2。接地干线通常用截面积不小于（4×12）mm 的扁钢或直径不小于 6mm 的圆钢。配电变压器低压侧中性点的接地支线要采用截面积不小于 35mm^2 的裸铜绞线；对于容量在 100kVA 以下的变压器，其中性点接地支线可采用截面积为 25mm^2 的裸铜绞线。

2．用于金属外壳保护的接地线的选用。

接地支线需按相应的电源相线截面积的 1/3 选用；接地干线需按相应电源相线截面积的 1/2 选用。装于地下的接地线不准采用铝导线；移动电具的接地支线必须用铜芯绝缘软线。

五、接地装置的质量检验内容和要求

1．必须按照技术要求规定的数值标准检验接地装置的接地电阻，不可任意降低标准。

2．必须对接地装置的每个连接点逐一按工艺要求规定的标准进行检查，检查的内容有：采用电焊焊接的接地装置敲去焊渣。检查是否存在虚焊现象，接触面积是否符合标准。不应该采用电焊的是否采用了电焊焊接（如从管道上引接的接地线）。采用螺钉压接的接地装置要检查接触面是否经过防锈处理，应垫入弹簧垫圈的是否有遗漏，螺母是否拧紧，螺钉规格是否适当，连接器材是否符合安装规定。

3．在利用已有的金属体作接地体和接地线时，应先检查是否误接到有可燃、可爆介质的管道上，检查接地线的导电连续性是否良好，每处应有的过渡性电连接有无遗漏。

4．接地线的安全载流量是否足够，选择材料有无误用。

5．接地体四周的土壤是否夯实，接地线的支持是否牢固，应穿管保护的地方有无遗漏。应有接地保护的设备有无遗漏接线，连接点是否接错。

六、接地电阻的测量方法

1．接地电阻兆欧表法。

ZC-8 型接地电阻兆欧表及其附件如图 1-70 所示。ZC-8 型接地电阻兆欧表测量法如图 1-71 所示，步骤如下。

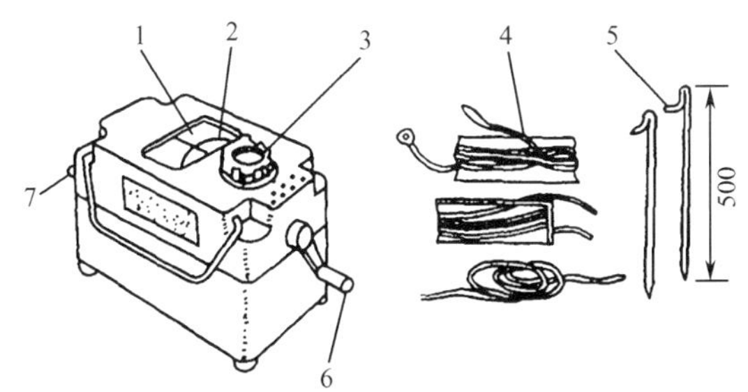

1—表头　2—细调拨盘　3—粗调旋钮　4—连接线　5—测量接地棒　6—摇柄　7—接线柱

图 1-70　ZC-8 型接地电阻兆欧表及其附件

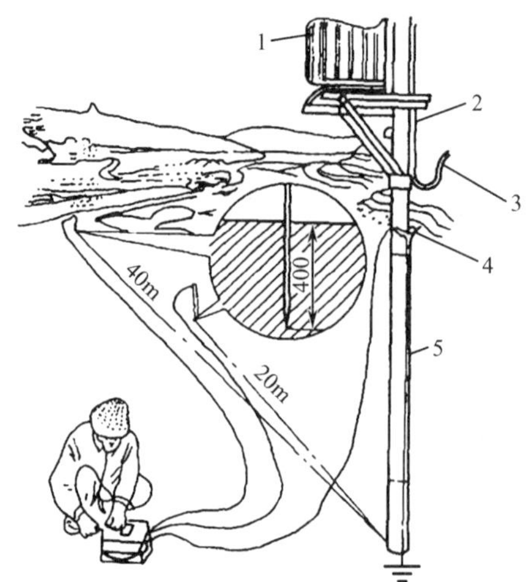

1—变压器　2—接地线　3—断开处　4—连接处　5—接地干线

图 1-71　ZC-8 型接地电阻兆欧表测量法

（1）拆开接地干线与接地体的连接点，或拆开接地干线上所有接地支线的连接点。

（2）将一支测量接地棒插在离接地体 4m 远的地下；将另一支测量接地棒插在离接地体 20m 远的地下，两支接地棒均垂直插入地面深 40m 处。

（3）将兆欧表放置在接地体附近平整的地方后接线。4m 的连接线连接表上接线柱 E 和接地体；20m 的连接线连接表上 P 接线柱和 20m 处的接地棒；40m 处的连接线连接表上 C 接线柱和 40m 处的接地棒。

（4）根据被测接地体接地电阻的要求调节好粗调旋钮（有三挡可调范围）。

（5）以 120r/min 的转速均匀摇动手柄，当表头指针偏离中心时，边摇边调节细调拨盘，直到表针居中为止。

（6）以细调拨盘的位置乘以粗调定位倍数，其结果就是被测接地体接地电阻的阻值。例如，细调拨盘的读数是 0.35，粗调定位倍数是 10，则被测得的接地电阻是 3.5Ω。

2．万用表法。

（1）在距离接地体 A 约 3m 处打入两根测试棒 B 和 C，如图 1-72 所示。打入地面的深度为 500mm 左右。

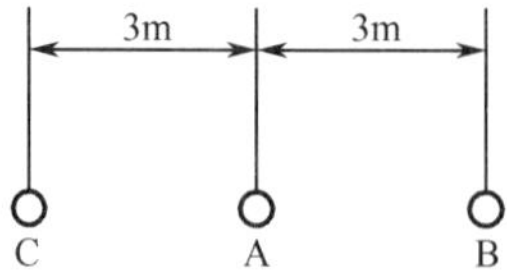

图 1-72　用万用表法测试接地电阻

（2）将万用表拨到电阻量程 R×1 挡，测量并记录 AB 间、BC 间和 AC 间的电阻值，通过计算即可求得接地体的接地电阻。例如，测得：

$$R_{AB}=7\Omega\ (R_A+R_B=7\Omega)$$

$$R_{BC}=12\Omega\ (R_B+R_C=12\Omega)$$

$$R_{CA}=11\Omega\ (R_C+R_A=11\Omega)$$

接地体 A 的接地电阻 R_A=（R_{AB}+R_{CA}−R_{BC}）÷2=3Ω。

为了保证所测接地电阻的可靠性，应在测试完毕后移动两根接地棒，换一个方向进行复测。每次所测的电阻值不会完全一致，可取几处测试值的平均值，确定最后的数值。

七、接地电阻达不到要求时的技术措施

在土壤电阻率较高的地层，接地装置的接地电阻往往达不到要求。这时必须采取有效措施，使之达到要求。

1. 最基本的措施是增加接地体的支数，或者适当增加接地体的长度，两者都是以增加接地体的散流面积的方式来达到降低接触电阻的目的的，但增加接地体支数的效果较为显著，这种方法既有效又方便，在土壤电阻不太高的地层，应用得较多。

2. 在土壤电阻率较高的地层，当接地电阻达不到要求时，可在每一支接地体周围堆填化学填料，以改善接地体的散流条件，从而降低散流电阻。化学填料的质地疏松，填入化学填料后接地体容易晃动，这会增加接地电阻。为此，应将化学填料放置在离地 0.5m 以下和 1.2m 以上的地层中，并把底层和面层的泥土夯实。

每份化学填料的组成成分是：粉状木炭 30kg，食盐 8kg，水适量。

配制方法是：先将食盐溶解于水中，然后渐渐浇入炭粉中，同时不断进行搅拌，搅拌均匀后即可填入接地体四周。

3. 在土壤电阻率很高的沙石地层，在装接接地体时，要降低接地电阻可采用土壤置换法。从散流电阻的分布情况来看，因电流散发密度较大的范围是有限的，因此可采用挖坑换土的方法来改善接地体四周土壤的散流条件。把电阻率较低的土壤，或者具有较好的导电性的工业废料，如电石渣、冶炼废渣或化工废渣等填入坑中。采用这种方法能取得一定的效果，尤其在降低工频接地电阻方面，效果较为显著。

4. 有些区域往往存在需要接地体处的土壤电阻率极高，而离之不远的地方的土壤电阻率较低。这时可采用接地体外引的方法，用较长的接地线把设备接地点引出土壤电阻率较高的范围，将接地体安装在电阻率较低的土壤上。

此外，还可以用水下安装和深埋接地体的方法来解决接地电阻过高的问题，但这些方法的工程量太大，不适用于一般规模的接地装置。

八、接地装置的维修

接地装置的安装一般都在安装电气设备之前进行，因此在安装电气设备时应统一考虑，全面布局，敷设接地和接零，以及防雷系统。安装完毕后，应进行统一接地、接零测量检查，并列入厂房施工和设备安装验收内容。由于接地系统所处的位置特殊，容易受到各种恶劣环境的影响（如高温、冰冻、水蒸气、油污及腐蚀气体、溶液的腐蚀和氧化），此外，还可能受机械外力的损伤，破坏原有的导电性能。因此，有必要制定对接地装置的定期检查和及时维护的检修制度。

1. 定期检查和维护保养。

（1）必须定期复测接地装置的接地电阻，其规定是：工作接地装置每隔半年或一年复测一次，保护接地装置每隔一年或两年复测一次。当接地电阻增大时，应及时修复，切不可勉强使用。

（2）接地装置的每个连接点，尤其是采用螺钉压接的连接点，应每隔半年或一年检查一次。当连接点出现松动时，必须及时拧紧。采用电焊焊接的连接点，也应定期检查焊接是否完好。

（3）应定期检查接地线的每个支点，发现有松动脱落的，应及时固定。

（4）定期检查接地体和接地干线是否出现严重锈蚀，若有严重锈蚀，应及时修复或更换，不可勉强使用。

2．常见故障的排除方法。

（1）连接点松散或脱落，最容易出现松脱的有移动电具的接地支线与外壳（或插头）之间的连接处；铝芯接地线的连接处；具有振动功能的设备的连接处。发现松散或脱落时，应及时重新接妥。

（2）遗漏接地或接错位置，在对设备进行维修或更换时，一般要拆卸电源线头和接地线头；待重新安装设备时，往往会因疏忽而把接地线头漏接或接错位置。发现漏接或接错位置时，应及时纠正。

（3）若发现接地线局部的电阻增大，常见的原因有连接点存在轻度松散的情况，连接点的接触面存在氧化层或其他污垢，跨接过渡线松散等。一旦发现上述情况，应及时重新拧紧压接螺钉或清除氧化层及污垢后接妥。

（4）接地线的截面积过小，通常由设备容量增加，而接地线没有相应更换引起，接地线应按规定进行相应的更换。

（5）接地体的散流电阻增大通常由接地体被严重腐蚀引起，也可能由接地体与接地干线之间的接触不良引起。发现上述情况时应重新更换接地体，或重新把连接处接妥。

项目二　常用电力拖动控制线路

任务一　点动与连续控制电路

任务目标

1．了解点动与连续控制电路的工作原理。

2．熟悉点动与连续控制电路的安装方法。

3．掌握点动与连续控制电路的故障检修技能。

4．提高自我学习、信息处理、数字应用等方法能力，以及与人交流、与人合作、解决问题等社会能力，自查6S执行力。

任务描述

根据电气原理图安装、调试点动与连续控制线路。

任务实施

1．训练器材。

元器件明细表如表2-1所示。

表2-1　元器件明细表

代　号	名　称	型　号	规　格	数　量
M	三相异步电动机	Y132-M4	7.5kW、380V、15.4A、△接法、1440r/min	1
QS	电源开关	HZ10-25/3	三相、额定电流25A	1
FU1	熔断器	RL1-60/30	500V、60A、配30A熔体	3
FU2	熔断器	RL1-15/2	500V、15A、配2A熔体	2
KM	交流接触器	CJ10-20	20A、线圈电压380V	1
FR	热继电器	JR16-20/3	20A、整定电流15.4A	1
SB	按钮	LA4-3H	保护式、按钮数3挡	1
XT	端子排	JX-1015	10A、15节、500V	1
	常用电工工具		常用电工工具及万用表	1套

2．训练步骤。

（1）识读电气原理图，如图2-1所示，熟悉线路所用元器件的作用和线路的工作原理。

（2）按表 2-1 配齐所用的元器件，并检验，检验项目如下。

1）电气元件的技术参数符合要求，外观无损伤，备件、附件齐全完好。

2）运动部件动作灵活，无卡住等不正常现象，用万用表检查电磁线圈及触点的分合情况。

（3）绘制平面布置图，经教师检查合格后，在控制板上按布置图排列、固定电气元件，并贴上醒目的文字符号。

工艺要求如下。

1）组合开关、熔断器的受电端应安装在外侧，并使螺旋式熔断器的受电端为底部的中心端。

2）各元器件的安装位置应整齐、匀称，间距合理，便于更换元器件。

3）紧固时，用力要均匀，紧固程度应适中。

（4）按图接线。

工艺要求如下。

1）布线通道应尽可能少。同路并行导线按主电路和控制电路分类集中，单层密排，紧贴安装面布线。

2）同一平面的导线应高低前后一致，不能交叉。非交叉不可时，该导线应在接线端子引出时就水平架空跨线，走线必须合理。

3）布线应横平竖直，分布均匀，变换走向时应垂直变换。

4）布线时严禁损伤线芯和导线绝缘层。

5）线顺序一般以接触器为中心，由里向外、由低到高，先控制电路后主电路，以不妨碍后续布线为原则。

6）在每根剥去绝缘层的导线的两端套上线号管。所有从一个接线端子到另一个接线端子的导线必须连续，中间无接头。

7）导线与接线端子或接线桩的连接线不得压到绝缘层，露铜不可过长。

8）同一元器件、同一回路的不同接点的导线间距应保持一致。

9）一个电气元件的接线端子上的连接导线不得多于两根。每个接线端子板上的连接导线一般只允许接一根。

（5）根据电路图检查控制板布线的正确性。

（6）自检：安装完毕后，必须经过认真检查以后，才允许通电试车，以防错接、漏接造成短路事故或不能正常运行。

1）按电路图从电源开始逐段核查接线及线号是否正确，有无漏接、错接之处。检查导线接点是否符合要求。

2）用万用表检查线路的通断情况，（检查时，应选适当量程的电阻挡，并进行调零）以防发生短路等故障。检查控制电路时，可将表棒搭在控制电路熔断器 FU2 的上接线柱上，读数应为“无穷大”。按下 SB1 或 SB3 时，读数应为接触器线圈的直流电阻值。最后检查主回路有无开路或短路现象。

（7）校验。

（8）连接电动机及保护接地线。

（9）连接电源。

（10）通电试车。

为保证人身安全，在通电试车时，要认真执行《电工安全作业规程》。一人监护，一人操作。试车前应仔细检查与试车有关的电气设备是否有不安全因素，若有，应立即整改，然后才能试车。

1）通电试车前，必须征得指导教师的同意，并由其监护，由教师接通电源，学生合上电源开关 QS 后，用电笔验电，按下 SB1 观察接触器的情况是否正常，电动机的运行是否正常等，但不得对线路进行带电检查。试车过程中若发现异常，应立即断电、停车，若按下 SB1 后一切正常，可按 SB2 停车，后按 SB3 试点动运行情况。

2）试车成功率从通电后按下按钮开始计算。

3）出现故障后，学生应独立进行检修，若带电检查，必须由教师在旁监护。

4）试车完毕后，停车、断电，先拆电源线，后拆电动机线。

安全注意事项

1. 进入实训场地前必须穿戴好劳保用品。
2. 安装时，用力不可太猛，以防螺钉打滑。
3. 试车时，应符合试车顺序的要求，并严格遵守安全规定。
4. 人体应与电动机旋转部分保持适当的距离。

任务评价

电路安装评分表如表 2-2 所示。

表 2-2　电路安装评分表

项目内容	配　分	评分标准		扣　分
工具仪表	5	工具、仪表少选或错选	每处扣 2 分	
元器件选择	15	1. 选错型号和规格	每处扣 10 分	
		2. 选错元器件数量	每处扣 4 分	
		3. 规格没有写全	每处扣 5 分	
		4. 型号没有写全	每处扣 3 分	
装前检查	5	元器件漏装或错检	每处扣 1 分	
安装布线	35	1. 电气布置不合理	扣 5 分	
		2. 元器件安装不牢固	每只扣 4 分	
		3. 元器件安装不整齐、不匀称、不合理	每只扣 3 分	
		4. 损坏元器件	扣 15 分	
		5. 不按图接线	扣 20 分	
		6. 布线不符合要求：主电路	每根扣 4 分	
		控制电路	每根扣 2 分	
		7. 接点不符合要求	每个扣 1 分	
		8. 漏套或套错编码套管	每个扣 1 分	
		9. 损伤导线绝缘层或线芯	每根扣 4 分	
		10. 漏接接地线	扣 10 分	

续表

项目内容	配分	评分标准			扣分
通电试车	40	1．热继电器未整定或整定错　扣5分 2．第一次试车不成功　扣20分 3．第二次试车不成功　扣30分 4．第三次试车不成功　扣40分			
安全文明生产	违反安全文明生产规程　扣5～40分				
定额时间2.5h	每超时5min扣5分，不足5min按5min计算				
备注	除定额时间外，其余各项的扣分不得超过配分			成绩	
开始时间		结束时间		实际时间	

知识链接

一、电气原理图

点动与连续控制电路图如图2-1所示。

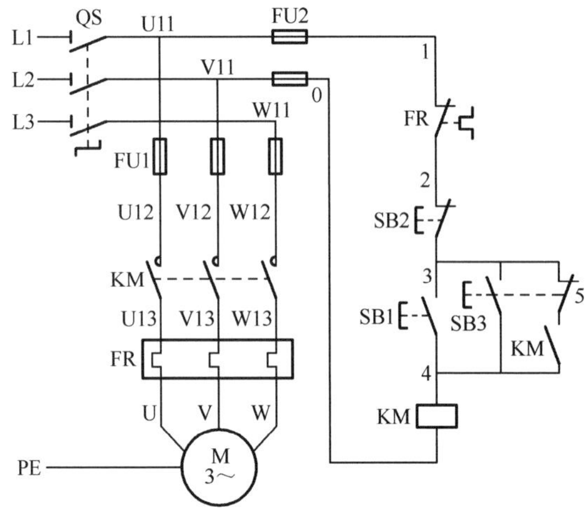

图2-1　点动与连续控制电路图

二、电路原理分析

如图2-1所示，其工作原理如下，先合上QS。

1．连续控制。

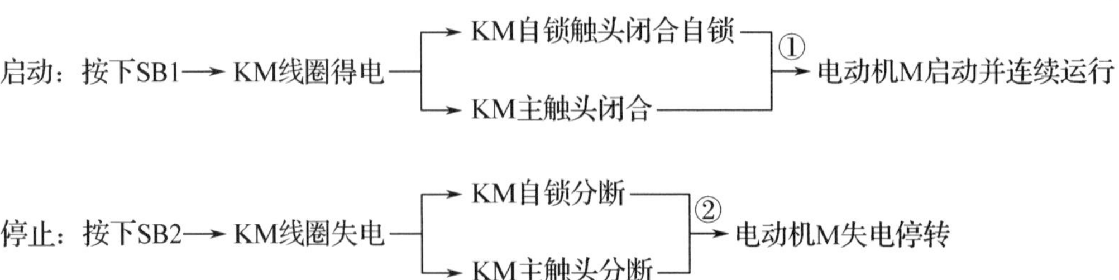

2．点动控制。

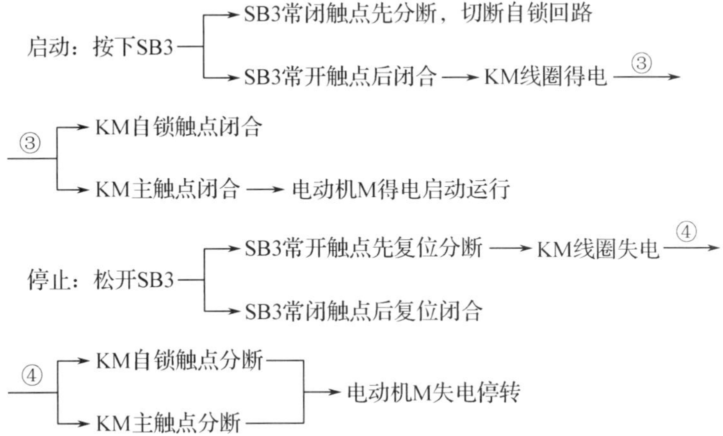

三、故障检修

故障检修的一般步骤和方法如下。

1．用试验法观察故障现象，初步判定故障范围。

试验法是在不扩大故障范围，不损坏电气设备和机械设备的前提下，对线路进行通电试验，通过观察电气设备和电气元件的动作，查看其是否正常、各控制环节的动作程序是否符合要求，找出故障的发生部位或回路。

2．用逻辑分析法缩小故障范围。

逻辑分析法是根据电气控制线路的工作原理、控制环节的动作程序及它们之间的联系，结合故障现象进行具体的分析，迅速地缩小故障范围，从而判断出故障所在。这种方法是一种以准为前提，以快为目的的检查方法，特别适用于对复杂线路的故障检查。

3．用测量法确定故障点。

测量法是利用电工工具和仪表（如测电笔、万用表、钳形电流表、兆欧表等）对线路进行带电或断电测量，是查找故障点的有效方法。下面介绍电压分阶测量法和电阻分阶测量法。

（1）用电压分阶测量法测量检查时，首先把万用表的转换开关置于交流电压 500V 的挡位上，然后按图 2-2 进行测量。断开主电路，接通控制电路的电源。若按下启动按钮 SB1 时，接触器 KM 不吸合，则说明控制电路有故障。

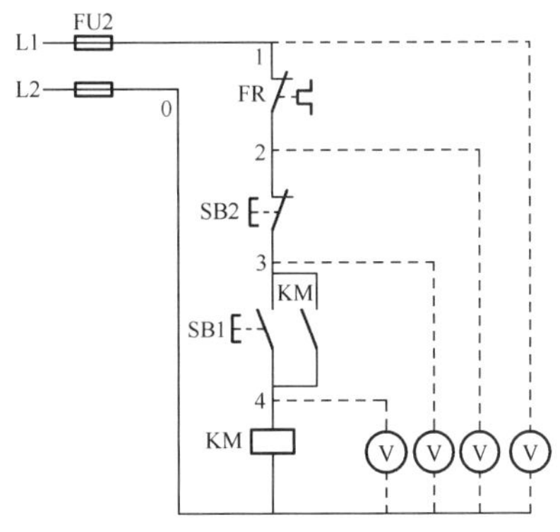

图 2-2　电压分阶测量法

检测时，需要两人配合进行。一人先用万用表测量 0 和 1 两点之间的电压，若电压为 380V，则说明控制电路的电源电压正常。然后由另一人按下 SB1 不放，一人把黑表棒接到 0 点上，将红表棒依次接到 2、3、4 各点上，分别测量出 0-2、0-3、0-4 两点间的电压，根据其测量结果即可找出故障点，如表 2-3 所示。这种测量方法像下（或上）台阶一样依次测量电压，所以叫电压分阶测量法。

表 2-3　用电压分阶测量法查找故障点

故障现象	测试状态	0-2	0-3	0-4	故障点
按下 SB1 时，KM 不吸合	按下 SB1 不放	0	0	0	FR 常闭触点接触不良
		380V	0	0	SB2 常闭触点接触不良
		380V	380V	0	SB1 接触不良
		380V	380V	380V	KM 线圈断路

（2）用电阻分阶测量法测量检查时，首先把万用表的转换开关置于倍率适当的电阻挡，然后按如图 2-3 所示的方法进行测量。断开主电路，接通控制电路电源。若按下启动按钮 SB1 时，接触器 KM 不吸合，则说明控制电路有故障。

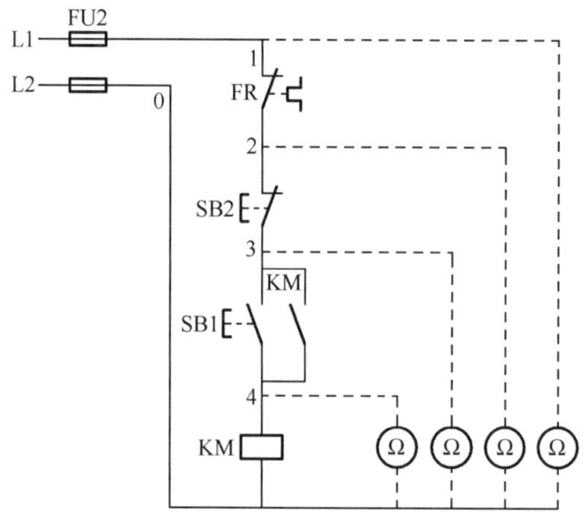

图 2-3　电阻分阶测量法

检查时，首先切断控制电路电源（这点与电压分阶测量法不同），然后一人按下 SB1 不放，另一人用万用表依次测量 0-1、0-2、0-3、0-4 两点间的电阻值，根据测量结果可找出故障点，如表 2-4 所示。

表 2-4　用电阻分阶测量法查找故障点

故障现象	测试状态	0-1	0-2	0-3	0-4	故障点
按下 SB1 时，KM 不吸合	按下 SB1 不放	∞	R	R	R	FR 常闭触点接触不良
		∞	∞	R	R	SB2 接触不良
		∞	∞	∞	R	SB1 接触不良
		∞	∞	∞	∞	KM 线圈断路

注：R 为 KM 线圈的电阻值。

4．根据故障点的不同情况，采用正确的维修方法排除故障。

5．检修完毕，进行通电空载校验或局部空载校验。

6．校验合格，通电正常运行。

在实际的维修工作中，由于电动机控制线路的故障不是千篇一律的，就是同一种故障现象，发生故障的部位也不一定相同。因此，采用以上故障检修步骤和方法时，不要生搬硬套，而应按不同的故障情况灵活运用，妥善处理，力求迅速、准确地找出故障点，查出故障原因，及时正确地排除故障。

7．模拟故障，换位交叉进行排除故障练习。

8．排除故障评分表如表 2-5 所示。

表 2-5　排除故障评分表

<table>
<tr><th>项目内容</th><th>配分</th><th colspan="4">评分标准</th><th>扣分</th></tr>
<tr><td>故障分析</td><td>30</td><td colspan="4">1．故障分析，排除故障思路不正确　每处扣 5～10 分
2．标错电路故障范围　每处扣 15 分</td><td></td></tr>
<tr><td>排除故障</td><td>70</td><td colspan="4">1．停电不验电　扣 5 分
2．工具及仪表使用不当　每次扣 10 分
3．排除故障的顺序不对　扣 5～10 分
4．不能查出故障　每处扣 35 分
5．查出故障但不能排除　每处扣 25 分
6．扩大故障后：不能排除　每处扣 35 分
已经排除　每处扣 15 分
7．损坏电动机　扣 70 分
8．损坏元器件或排除故障的方法不正确　扣 5～20 分</td><td></td></tr>
<tr><td>文明生产</td><td></td><td colspan="4">违反安全文明生产规程　扣 10～70 分</td><td></td></tr>
<tr><td>定额时间 30min</td><td colspan="5">不允许超时检查，在故障修复过程中允许超时，但以每超 1min 扣 5 分计算</td><td></td></tr>
<tr><td>备注</td><td colspan="4">除定额时间外，其余各项的扣分不得超过配分</td><td>成绩</td><td></td></tr>
<tr><td>开始时间</td><td colspan="2"></td><td>结束时间</td><td></td><td>实际时间</td><td></td></tr>
</table>

任务二　双重联锁正反转控制电路

任务目标

1．了解双重联锁正反转控制电路的工作原理。

2．熟悉双重联锁正反转控制电路的安装方法。

3．掌握双重联锁正反转控制电路的故障检修技能。

4．提高自我学习、信息处理、数字应用等方法能力，以及与人交流、与人合作、解决问题等社会能力，自查6S执行力。

任务描述

根据电气原理图安装、调试双重联锁正反转控制电路。

任务实施

1．训练器材。

元器件明细表（学生自行选择）如表2-6所示。

表2-6　元器件明细表

代　号	名　称	型　号	规　格	数　量
M	三相异步电动机	Y132S-4	5.5kW、380V、11.6A、△接法、1440r/min	1

2．训练步骤。

（1）识读电气原理图，并按电动机的功率选择元器件。

（2）准备所需的元器件，并检验。

（3）绘制平面布置图，经老师检验合格，在控制板上按图排列、固定元器件，并贴上醒目的文字符号。

（4）按图接线。

（5）根据电路图检查控制板布线的正确性。

（6）连接电动机及保护接地线。

（7）自检、校验。

（8）连接电源、通电试车。

（9）整理板面和工位。

（10）试车完毕，每位同学在自己的控制板上模拟故障后交叉进行排除故障（排故）练习。

（11）工艺要求同任务一。

安全注意事项

1. 进入实训场地必须穿戴好劳保用品。
2. 安装时，用力不要太猛，以防螺钉打滑，扎伤手指。
3. 试车时，应符合试车顺序，并严格遵守安全规定。
4. 人体与电动机旋转部分应保持适当的距离。
5. 进行故障检修时执行停电作业。
6. 注意主回路的换相问题。

任务评价

线路安装评分表如表 2-7 所示。

表 2-7　线路安装评分表

项目内容	配分	评分标准		扣分
装前检查	5	电气元件漏装或错检	每处扣 1 分	
安装元器件	15	1. 不按布置图安装	扣 15 分	
		2. 元器件安装不牢固	每只扣 5 分	
		3. 元器件安装不整齐、不匀称、不合理	每只扣 3 分	
		4. 损坏元器件	扣 15 分	
布线	30	1. 不按电路图接线	扣 20 分	
		2. 布线不符合要求：主电路	每根扣 3 分	
		控制电路	每根扣 2 分	
		3. 接点不符合要求	每个扣 2 分	
		4. 损伤导线绝缘层或线芯	每根扣 5 分	
		5. 编码套管套装地不正确	每处扣 1 分	
通电试车	30	1. 第一次试车不成功	扣 10 分	
		2. 第二次试车不成功	扣 20 分	
		3. 第三次试车不成功	扣 30 分	
排故	20	1. 故障分析、排故思路不正确	每处扣 5～10 分	
		2. 标错电路故障范围	每处扣 10 分	
		3. 停电不验电	扣 2 分	
		4. 工具、仪表使用不当	每处扣 5 分	
		5. 排故顺序不对	扣 2～5 分	
		6. 不能查出故障	每处扣 10 分	
		7. 扩大故障	扣 20 分	
安全文明生产		违反安全文明生产规程	扣 10～15 分	

知识链接

一、电气原理图

双重连锁正反转控制电路图如图 2-4 所示。

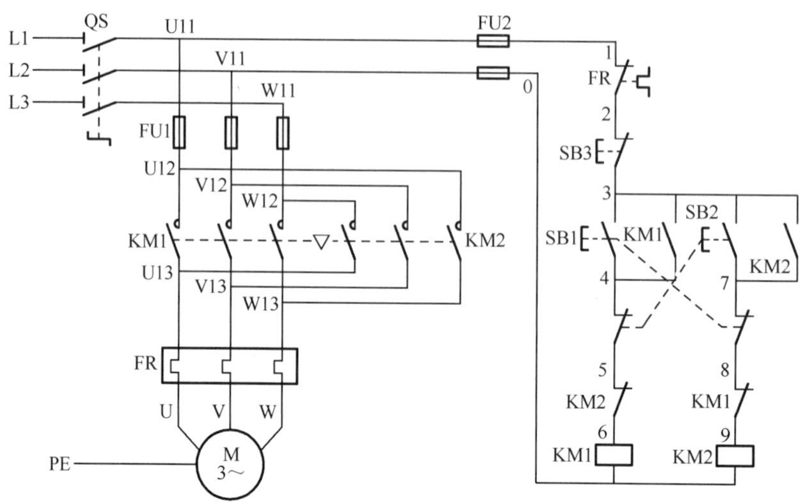

图 2-4　双重连锁正反转控制电路图

二、电路原理分析

电路的工作原理如下，先合上 QS。

1．正转控制。

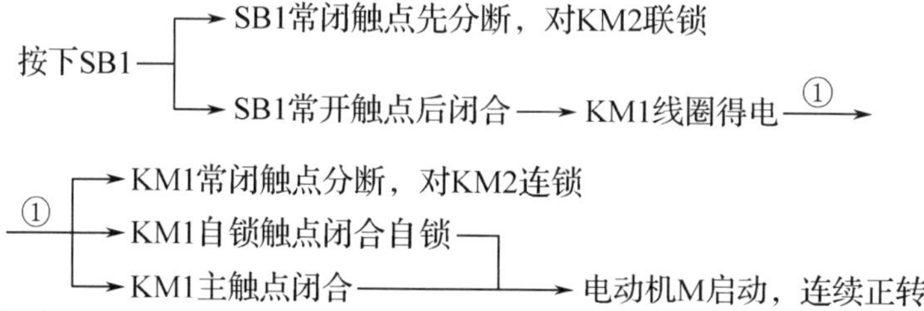

2．反转控制。

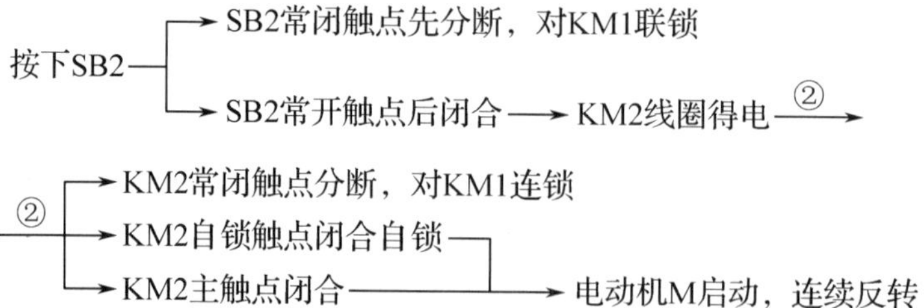

3．正转到反转的控制。

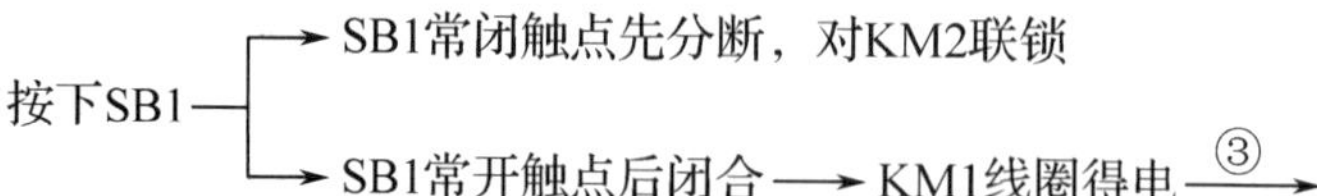

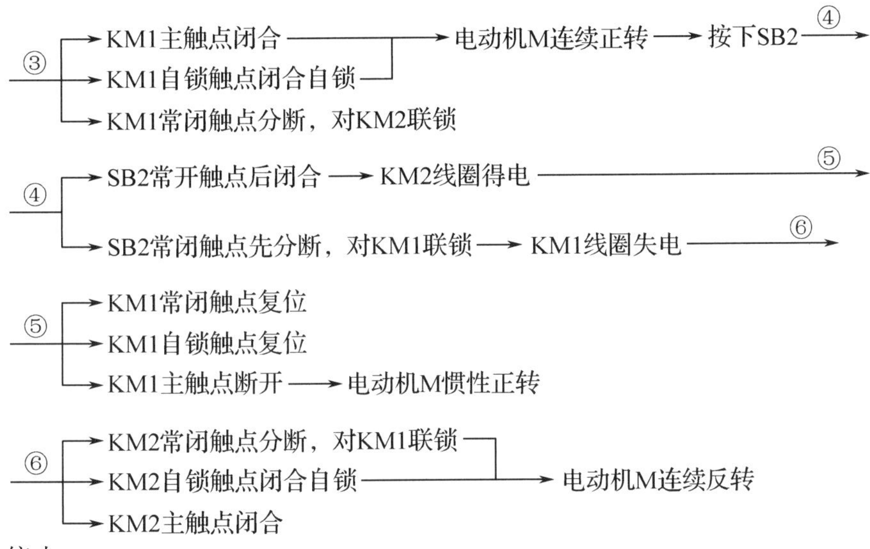

4．停止。

按下 SB3 即可停止。

任务三　自动往返控制电路

任务目标

1．了解自动往返控制电路的工作原理。

2．熟悉自动往返控制电路的安装方法。

3．掌握自动往返控制电路的故障检修技能。

4．提高自我学习、信息处理、数字应用等方法能力，以及与人交流、与人合作、解决问题等社会能力，自查 6S 执行力。

任务描述

根据电气原理图安装、调试自动往返控制电路。

任务实施

1．训练器材。

元器件明细表（学生自行选择）如表 2-8 所示。

表 2-8　元器件明细表

代　号	名　称	型　号	规　格	数　量
M	三相异步电动机	Y112M-4	4kW、380V、8.8A、△接法、1440r/min	1
QS				
FU1				
FU2				
KM				
SQ				
SB				
FR				
XT				

2．训练步骤。

（1）识读电气原理图，并按电动机的功率选择元器件。

（2）准备所需的元器件，并检验。

（3）绘制平面布置图，经老师检验合格后，在控制板上按图排列、固定元器件，并贴上醒目的文字符号。

（4）按图接线。

（5）根据电路图检查控制板布线的正确性。

（6）连接电动机及保护接地线。

（7）自检、校验。
（8）连接电源、通电试车。
（9）整理板面和工位。
（10）试车完毕，每位同学在自己的控制板上模拟故障后交叉进行排故练习。
（11）工艺要求同任务一。

安全注意事项

1．进入实训场地必须穿戴好劳保用品。
2．安装时，用力不要太猛，以防螺钉打滑。
3．试车时，应符合试车顺序，并严格遵守安全规定。
4．人体与电动机的旋转部分应保持适当的距离。
5．进行故障检修时应执行停电作业。
6．要注意 SQ1、SQ2、SQ3、SQ4 四个行程开关的安装位置。

任务评价

线路安装评分表如表 2-9 所示。

表 2-9　线路安装评分表

项目内容	配分	评分标准		扣分
装前检查	5	电气元件漏装或错检	每处扣 1 分	
安装元器件	15	1．不按布置图安装 2．元器件安装不牢固 3．元器件安装不整齐、不匀称、不合理 4．损坏元器件	扣 15 分 每只扣 5 分 每只扣 3 分 扣 15 分	
布线	30	1．不按电路图接线 2．布线不符合要求：主电路 控制电路 3．接点不符合要求 4．损伤导线绝缘层或线芯	扣 20 分 每根扣 3 分 每根扣 2 分 每个扣 2 分 每根扣 5 分	
通电试车	30	1．第一次试车不成功 2．第二次试车不成功 3．第三次试车不成功	扣 10 分 扣 20 分 扣 30 分	
排故	20	1．故障分析、排故思路不正确 2．标错电路故障范围 3．停电不验电 4．工具、仪表使用不当 5．排故顺序不对 6．不能查出故障	扣 5～10 分 每处扣 10 分 扣 2 分 每处扣 5 分 扣 2～5 分 每处扣 20 分	
安全文明生产		违反安全文明生产规程	加扣 10～15 分	

知识链接

一、电气原理图

自动往返控制电路图如图 2-5 所示。

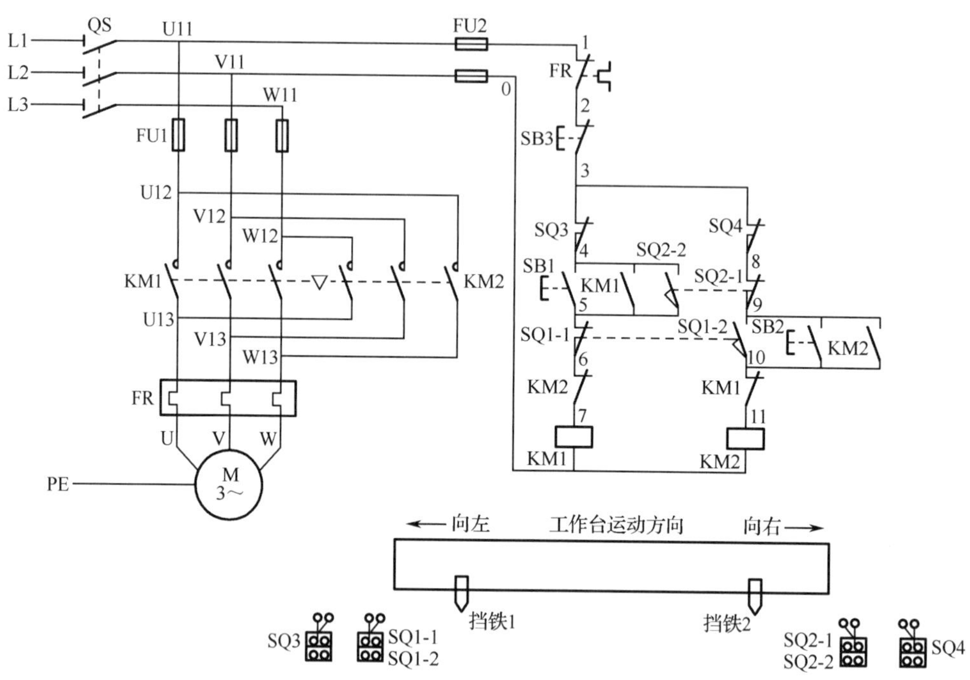

图 2-5　自动往返控制电路图

二、原理分析

电路的工作原理如下，先合上 QS。

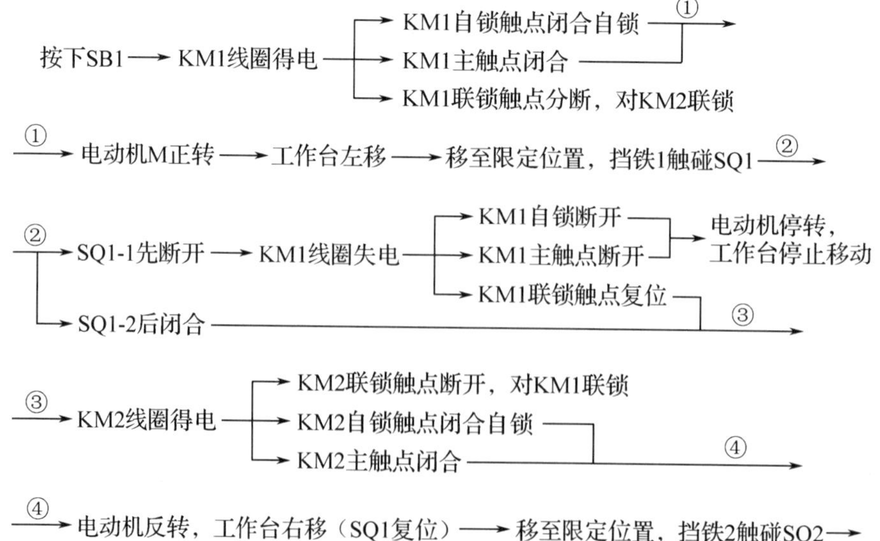

→同理，KM2 线圈失电，电动机 M 停止反转，工作台停止右移。紧接着 KM1 线圈得电，电动机正转，工作台左移，形成自动往返控制。具体情况由学生自行分析

注意：

1. 这里的 SB1、SB2 分别作为正转启动按钮和反转启动按钮，若启动时工作台在左端，则应按下 SB2 启动。

2. 若电源相序变换或大修，则必须重新调试。

任务四　三台电动机顺序启动控制电路

任务目标

1．了解三台电动机顺序启动控制电路的工作原理。

2．熟悉三台电动机顺序启动控制电路的安装方法。

3．掌握三台电动机顺序启动控制电路的故障检修技能。

4．提高自我学习、信息处理、数字应用等方法能力，以及与人交流、与人合作、解决问题等社会能力，自查6S执行力。

任务描述

根据电气原理图安装、调试三台电动机顺序启动控制电路。

任务实施

1．训练器材。

元器件明细表（学生自行选择）如表2-10所示。

表2-10　元器件明细表

代　号	名　称	型　号	规　格	数　量
M	三相异步电动机	Y132S-4	1.5kW、380V、2.8A、△接法、1440r/min	3
QS				
FU1				
FU2				
KM				
SB				
KA				
FR				
XT				

2．训练步骤。

（1）识读电气原理图，并按电动机的功率选择元器件。

（2）准备所需的元器件，并检验。

（3）绘制平面布置图，经老师检验合格后，在控制板上按图排列、固定元器件，并贴上醒目的文字符号。

（4）按图接线。

（5）根据电路图检查控制板布线的正确性。

（6）连接电动机及保护接地线。

（7）自检、校验。

（8）连接电源、通电试车。
（9）整理板面和工位。
（10）试车完毕，每位同学在自己的控制板上模拟故障后交叉进行排故练习。
（11）工艺要求同任务一。

安全注意事项

1. 进入实训场地必须穿戴好劳保用品。
2. 安装时，用力不要太猛，以防螺钉打滑。
3. 试车时，应符合试车顺序，并严格遵守安全规定。
4. 人体与电动机的旋转部分应保持适当的距离。
5. 进行故障检修时应执行停电作业。
6. 注意主回路中的熔断器和 KA 的位置排列。
7. 注意元器件的选择。

任务评价

线路安装评分表如表 2-11 所示。

表 2-11　线路安装评分表

项目内容	配分	评分标准		扣分
装前检查	5	电气元件漏装或错检	每处扣 1 分	
安装元器件	15	1. 不按布置图安装	扣 15 分	
		2. 元器件安装不牢固	每只扣 5 分	
		3. 元器件安装不整齐、不匀称、不合理	每只扣 3 分	
		4. 损坏元器件	扣 15 分	
布线	30	1. 不按电路图接线	扣 20 分	
		2. 布线不符合要求：主电路	每根扣 3 分	
		控制电路	每根扣 2 分	
		3. 接点不符合要求	每个扣 2 分	
		4. 损伤导线绝缘层或线芯	每根扣 5 分	
		5. 编码套管套装地不正确	每处扣 1 分	
通电试车	30	1. 第一次试车不成功	扣 10 分	
		2. 第二次试车不成功	扣 20 分	
		3. 第三次试车不成功	扣 30 分	
排故	20	1. 故障分析、排故思路不正确	扣 5～10 分	
		2. 标错电路故障范围	每处扣 10 分	
		3. 停电不验电	扣 2 分	
		4. 工具、仪表使用不当	每处扣 5 分	
		5. 排故顺序不对	扣 2～5 分	
		6. 不能查出故障	每处扣 10 分	
		7. 扩大故障	扣 20 分	
安全文明生产		违反安全文明生产规程	扣 10～15 分	

知识链接

一、电气原理图

三台电动机顺序启动控制电路图如图 2-6 所示。

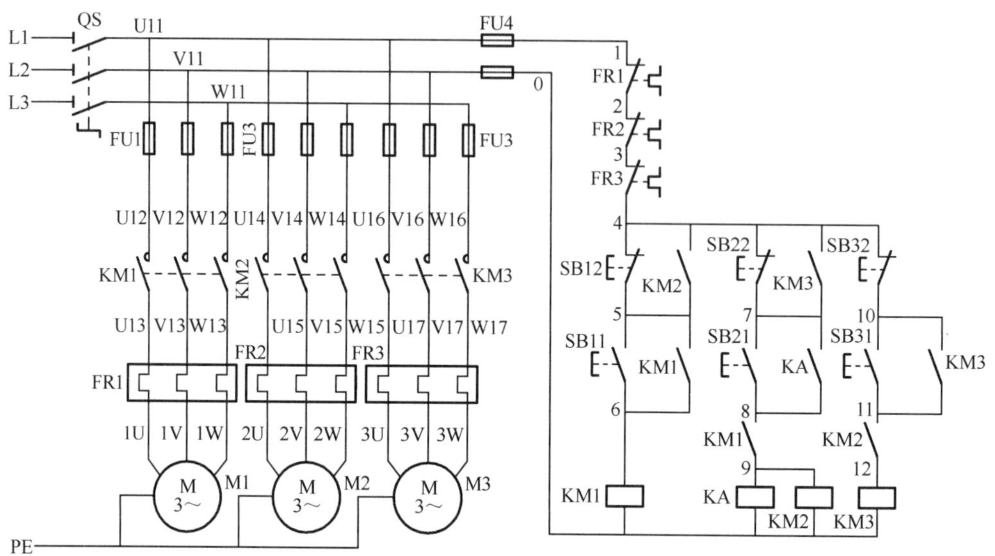

图 2-6　三台电动机顺序启动控制电路图

二、原理分析

如图 2-6 所示，在此电路中，三台电动机的主回路完全一样，且是并联的关系。在控制回路中，将各级电路拆分后，可将每一级电路看作接触器自锁控制，其原理比较简单，但是，由于前一级电路的接触器常开触点串入了下一级电路，所以形成了顺序启动控制。同样，由于下一级电路的接触器常开触点并联在了上一级电路的停止按钮的两端，所以形成了逆序停止控制。另外，KA 是中间继电器，其作用仅仅是解决了 KM2 常开辅助触点数量不足的问题。

任务五　按钮转换自耦变压器降压启动控制电路

任务目标

1．了解按钮转换自耦变压器降压启动控制电路的工作原理。

2．熟悉按钮转换自耦变压器降压启动控制电路的安装方法。

3．掌握按钮转换自耦变压器降压启动控制电路的故障检修技能。

4．提高自我学习、信息处理、数字应用等方法能力，以及与人交流、与人合作、解决问题等社会能力，自查 6S 执行力。

任务描述

根据电气原理图安装、调试按钮转换自耦变压器降压启动控制电路。

任务实施

1．训练器材。

元器件明细表（学生自行选择）如表 2-12 所示。

表 2-12　元器件明细表

代　　号	名　　称	型　　号	规　　格	数　　量
M	三相异步电动机	Y132S-4	7.5kW、380V、14.6A、△接法、1440r/min	
QS				
FU1				
FU2				
KM				
SB				
KA				
TM				
FR				
XT				

2．训练步骤。

（1）识读电气原理图，并按电动机的功率选择元器件。

（2）准备所需的元器件，并检验。

（3）绘制平面布置图，经老师检验合格后，在控制板上按图排列、固定元器件，并贴上醒目的文字符号。

（4）按图接线。

（5）根据电路图检查控制板布线的正确性。

（6）连接电动机及保护接地线。

（7）自检、校验。
（8）连接电源、通电试车。
（9）整理板面和工位。
（10）试车完毕，每位同学在自己的控制板上模拟故障后交叉进行排故练习。
（11）工艺要求同任务一。

安全注意事项

1. 进入实训场地必须穿戴好劳保用品。
2. 安装时，用力不要太猛，以防螺钉打滑。
3. 试车时，应符合试车顺序，并严格遵守安全规定。
4. 人体与电动机的旋转部分应保持适当的距离。
5. 进行故障检修时应执行停电作业。
6. 注意按钮转换自耦变压器降压启动控制电路的引线。
7. 注意不要接错 4 号线、8 号线。

任务评价

线路安装评分表如表 2-13 所示。

表 2-13　线路安装评分表

项目内容	配　分	评分标准		扣　分
装前检查	5	电气元件漏装或错检	每处扣 1 分	
安装元器件	15	1. 不按布置图安装	扣 15 分	
		2. 元器件安装不牢固	每只扣 5 分	
		3. 元器件安装不整齐、不匀称、不合理	每只扣 3 分	
		4. 损坏元器件	扣 15 分	
布线	30	1. 不按电路图接线	扣 20 分	
		2. 布线不符合要求：主电路	每根扣 3 分	
		控制电路	每根扣 2 分	
		3. 接点不符合要求	每点扣 2 分	
		4. 损伤导线绝缘层或线芯	每根扣 5 分	
		5. 编码套管套装地不正确	每处扣 1 分	
通电试车	30	1. 第一次试车不成功	扣 10 分	
		2. 第二次试车不成功	扣 20 分	
		3. 第三次试车不成功	扣 30 分	
排故	20	1. 故障分析、排故思路不正确	扣 5～10 分	
		2. 标错电路故障范围	每处扣 10 分	
		3. 停电不验电	扣 2 分	
		4. 工具、仪表使用不当	每处扣 5 分	
		5. 排故顺序不对	扣 2～5 分	
		6. 不能查出故障	每处扣 10 分	
		7. 扩大故障	扣 20 分	
安全文明生产		违反安全文明生产规程	扣 10～15 分	

任务评价

一、电气原理图

按钮转换自耦变压器降压启动控制电路图如图 2-7 所示。

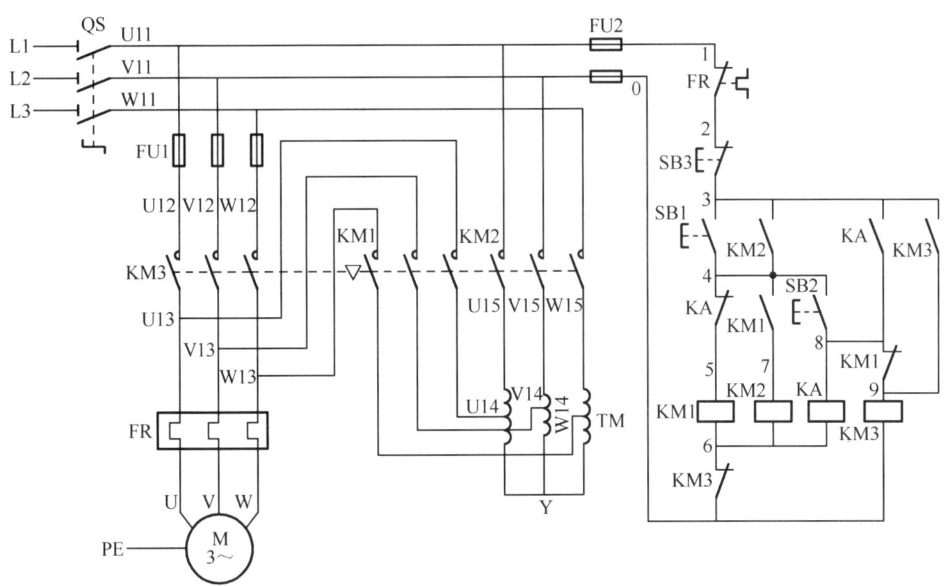

图 2-7　按钮转换自耦变压器降压启动控制电路图

二、原理分析

合上 QS，启动时，按下 SB_1，KM1、KM2、KA 线圈得电，电动机经自耦变压器降压（40%、60%、80%的额定电压）启动。当启动过程结束时，按下 SB2，KM3 线圈得电（其他线圈失电），电动机全压运行。

注意： 启动时和运行时必须保持电动机的旋转方向相同，所以接入电动机的电源相序在启动前后必须一致。

三、思考题

1. 为什么要进行降压启动？
2. 降压启动分为哪几类？
3. 自耦变压器降压启动与其他类型的降压启动有什么区别？
4. 在什么情况下采用自耦变压器降压启动？
5. 应用自耦变压器降压启动的缺点是什么？

任务六　星三角自动降压启动控制电路（通电延时型）

任务目标

1．了解星三角自动降压启动控制电路（通电延时型）的工作原理。

2．熟悉星三角自动降压启动控制电路（通电延时型）的安装方法。

3．掌握星三角自动降压启动控制电路（通电延时型）的故障检修技能。

4．提高自我学习、信息处理、数字应用等方法能力，以及与人交流、与人合作、解决问题等社会能力，自查6S执行力。

任务描述

根据电气原理图安装、调试星三角自动降压启动控制电路。

任务实施

1．训练器材。

元器件明细表（学生自行选择）如表2-14所示。

表2-14　元器件明细表

代　号	名　称	型　号	规　格	数　量
M	三相异步电动机	Y112M-4	17kW、380V、28A、△接法、1440r/min	1
QS				
FU1				
FU2				
KM				
KT				
SQ				
SB				
FR				
XT				

2．训练步骤。

（1）识读电气原理图，并按电动机的功率选择元器件。

（2）准备所需的元器件，并检验。

（3）绘制平面布置图，经老师检验合格后，在控制板上按图排列、固定元器件，并贴上醒目的文字符号。

（4）按图接线。

（5）根据电路图检查控制板布线的正确性。

（6）连接电动机及保护接地线。

（7）自检、校验。
（8）连接电源、通电试车。
（9）整理板面和工位。
（10）试车完毕，每位同学在自己的控制板上模拟故障后交叉进行排故练习。
（11）工艺要求同任务一。

安全注意事项

1．进入实训场地必须穿戴好劳保用品。
2．安装时，用力不要太猛，以防螺钉打滑。
3．试车时，应符合试车顺序，并严格遵守安全规定。
4．人体与电动机的旋转部分应保持适当的距离。
5．进行故障检修时应执行停电作业。
6．注意时间继电器瞬时、延时触点的使用。

任务评价

线路安装评分表如表 2-15 所示。

表 2-15　线路安装评分表

项目内容	配分	评分标准		扣分
装前检查	5	电气元件漏装或错检	每处扣 1 分	
安装元器件	15	1．不按布置图安装 2．元器件安装不牢固 3．元器件安装不整齐、不匀称、不合理 4．损坏元器件	扣 15 分 每只扣 5 分 每只扣 3 分 扣 15 分	
布线	30	1．不按电路图接线 2．布线不符合要求：主电路 控制电路 3．接点不符合要求 4．损伤导线绝缘层或线芯 5．编码套管套装地不正确	扣 20 分 每根扣 3 分 每根扣 2 分 每个扣 2 分 每根扣 5 分 每处扣 1 分	
通电试车	30	1．第一次试车不成功 2．第二次试车不成功 3．第三次试车不成功	扣 10 分 扣 20 分 扣 30 分	
排故	20	1．故障分析、排故思路不正确 2．标错电路故障范围 3．停电不验电 4．工具、仪表使用不当 5．排故顺序不对 6．不能查出故障 7．扩大故障	扣 5～10 分 每处扣 10 分 扣 2 分 每处扣 5 分 扣 2～5 分 每处扣 10 分 扣 20 分	
安全文明生产		违反安全文明生产规程	扣 10～15 分	

知识链接

一、电气原理图

通电延时型星三角自动降压启动控制电路图如图 2-8 所示。

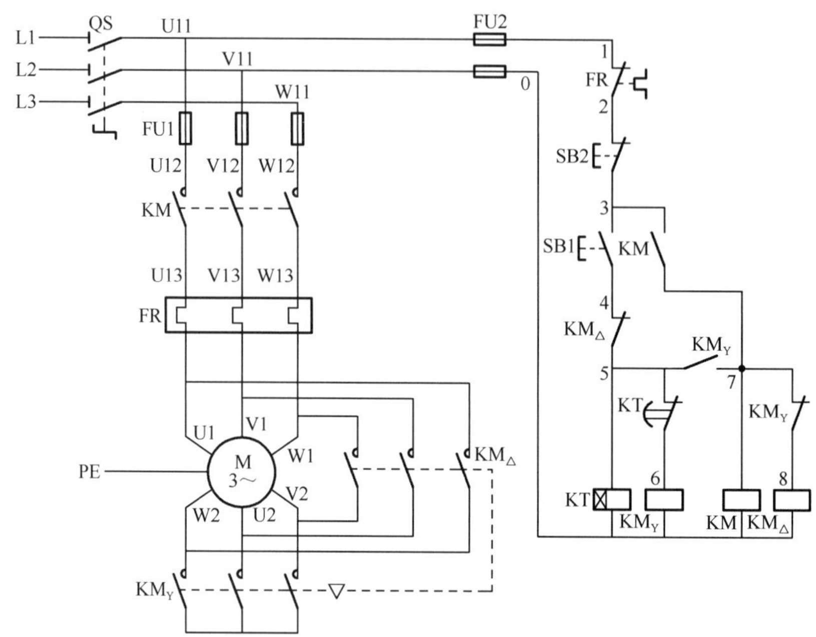

图 2-8　通电延时型星三角自动降压启动控制电路图

二、电路原理分析

电路的工作原理如下，合上电源开关 QS。

1．启动。

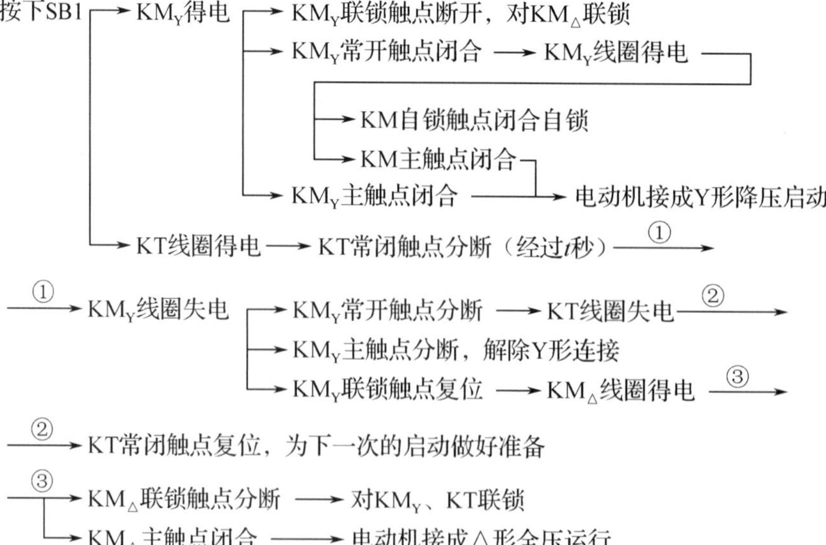

2．停止。

按下 SB2 即可停止。

在该电路中，接触器 KM_Y 得电后，通过 KM_Y 的常开辅助触点使接触器 KM 得电，这样 KM_Y 的主触点是在无载条件下进行闭合的，所以可以延长 KM_Y 主触点的使用寿命。

三、思考题

识读图 2-9。

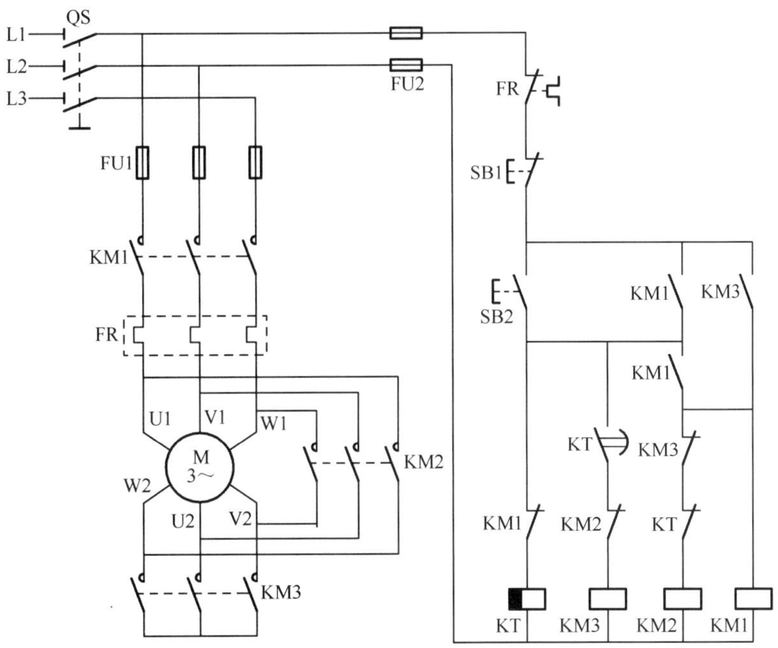

图 2-9　断电延时型星三角自动降压启动控制电路图

任务七　延边三角形降压启动控制电路

任务目标

1. 了解延边三角形降压启动控制电路的工作原理。

2. 熟悉延边三角形降压启动控制电路的安装方法。

3. 掌握延边三角形降压启动控制电路的故障检修技能。

4. 提高自我学习、信息处理、数字应用等方法能力，以及与人交流、与人合作、解决问题等社会能力，自查 6S 执行力。

任务描述

根据电气原理图安装、调试延边三角形降压启动控制电路。

任务实施

1. 训练器材。

元器件明细表（学生自行选择）如表 2-16 所示。

表 2-16　元器件明细表

代　号	名　称	型　号	规　格	数　量
M	三相异步电动机	Y100L2-4	3kW、380V、6.8A、△接法、1440r/min	1
QS				
FU1				
FU2				
KM				
KT				
KA				
SQ				
SB				
FR				
XT				

2. 训练步骤。

（1）识读电气原理图，并按电动机的功率选择元器件。

（2）准备所需的元器件，并检验。

（3）绘制平面布置图，经老师检验合格后，在控制板上按图排列、固定元器件，并贴上醒目的文字符号。

（4）按图接线。

（5）根据电路图检查控制板布线的正确性。

（6）连接电动机及保护接地线。
（7）自检、校验。
（8）连接电源、通电试车。
（9）整理板面和工位。
（10）试车完毕，每位同学在自己的控制板上模拟故障后交叉进行排故练习。
（11）工艺要求同任务一。

安全注意事项

1. 进入实训场地必须穿戴好劳保用品。
2. 安装时，用力不要太猛，以防螺钉打滑。
3. 试车时，应符合试车顺序，并严格遵守安全规定。
4. 人体与电动机的旋转部分应保持适当的距离。
5. 进行故障检修时应执行停电作业。

任务评价

线路安装评分表如表 2-17 所示。

表 2-17 线路安装评分表

项目内容	配分	评分标准		扣分
装前检查	5	电气元件漏装或错检	每处扣 1 分	
安装元器件	15	1. 不按布置图安装	扣 15 分	
		2. 元器件安装不牢固	每只扣 5 分	
		3. 元器件安装不整齐、不匀称、不合理	每只扣 3 分	
		4. 损坏元器件	扣 15 分	
布线	30	1. 不按电路图接线	扣 20 分	
		2. 布线不符合要求：主电路	每根扣 3 分	
		控制电路	每根扣 2 分	
		3. 接点不符合要求	每个扣 2 分	
		4. 损伤导线绝缘层或线芯	每根扣 5 分	
		5. 编码套管套装地不正确	每处扣 1 分	
通电试车	30	1. 第一次试车不成功	扣 10 分	
		2. 第二次试车不成功	扣 20 分	
		3. 第三次试车不成功	扣 30 分	
排故	20	1. 故障分析、排故思路不正确	扣 5～10 分	
		2. 标错电路故障范围	每处扣 10 分	
		3. 停电不验电	扣 2 分	
		4. 工具、仪表使用不当	每处扣 5 分	
		5. 排故顺序不对	扣 2～5 分	
		6. 不能查出故障	每处扣 10 分	
		7. 扩大故障	扣 20 分	
安全文明生产		违反安全文明生产规程	扣 10～15 分	

知识链接

一、电气原理图

延边三角形降压启动控制电路图如图 2-10 所示。

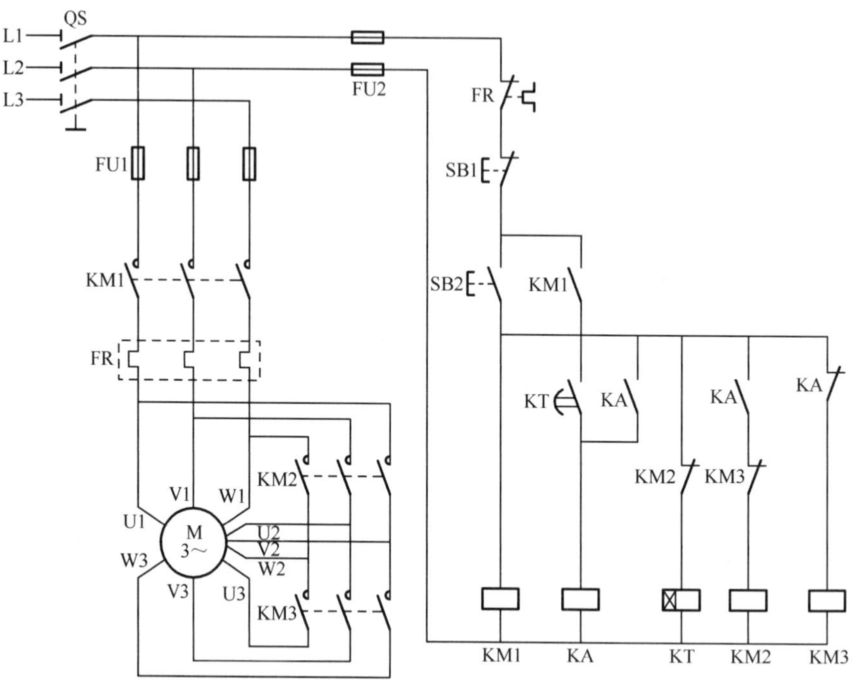

图 2-10　延边三角形降压启动控制电路图

延边三角形降压启动控制电动机绕组的接法示意图如图 2-11 所示。

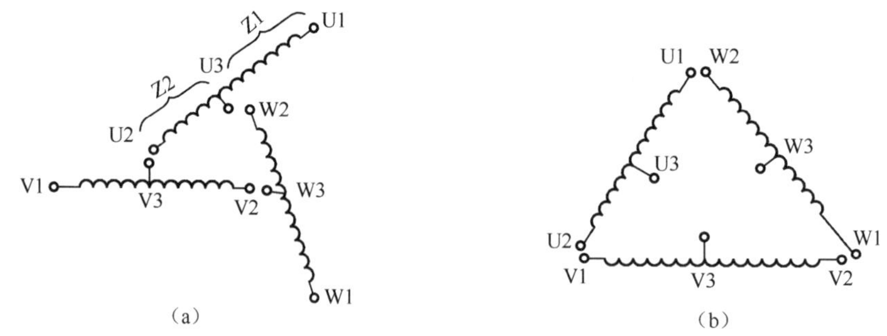

图 2-11　延边三角形降压启动控制电动机绕组的接法示意图

二、电路原理分析

如图 2-10 所示，该电路的工作原理如下，合上电源开关 QS。

1．启动。

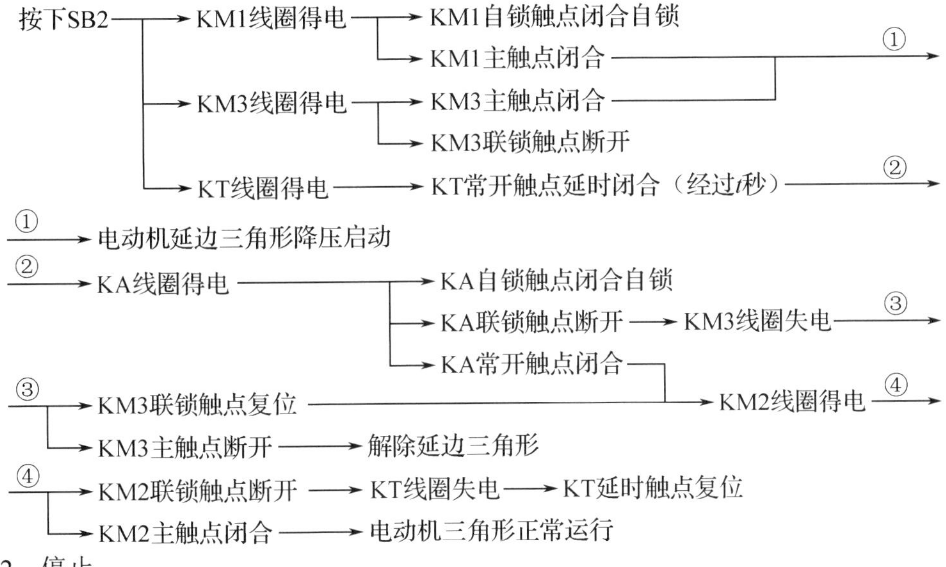

2．停止

按下 SB1 即可停止。

任务八　双速电动机控制电路

任务目标

1．了解双速电动机控制电路的工作原理。

2．熟悉双速电动机控制电路的安装方法。

3．掌握双速电动机控制电路的故障检修技能。

4．提高自我学习、信息处理、数字应用等方法能力，以及与人交流、与人合作、解决问题等社会能力，自查6S执行力。

任务描述

根据电气原理图安装、调试双速电动机控制电路。

任务实施

1．训练器材。

元器件明细表（学生自行选择）如表2-18所示。

表2-18　元器件明细表

代　号	名　称	型　号	规　格	数　量
M	三相异步电动机	Y112M-4	4kW、380V、8.8A、△接法、1440r/min	1
QS				
FU1				
FU2				
KM				
SB				
FR				
XT				

2．训练步骤。

（1）识读电气原理图，并按电动机的功率选择元器件。

（2）准备所需的元器件，并检验。

（3）绘制平面布置图，经老师检验合格后，在控制板上按图排列、固定元器件，并贴上醒目的文字符号。

（4）按图接线。

（5）根据电路图检查控制板布线的正确性。

（6）连接电动机及保护接地线。

（7）自检、校验。

（8）连接电源、通电试车。

（9）整理板面和工位。

（10）试车完毕，每位同学在自己的控制板上模拟故障后交叉进行排故练习。

（11）工艺要求同任务一。

安全注意事项

1. 进入实训场地必须穿戴好劳保用品。
2. 安装时，用力不要太猛，以防螺钉打滑。
3. 试车时，应符合试车顺序，并严格遵守安全规定。
4. 人体与电动机的旋转部分应保持适当的距离。
5. 进行故障检修时应执行停电作业。

任务评价

线路安装评分表如表 2-19 所示。

表 2-19　线路安装评分表

项目内容	配分	评分标准		扣分
装前检查	5	电气元件漏装或错检	每处扣 1 分	
安装元器件	15	1. 不按布置图安装	扣 15 分	
		2. 元器件安装不牢固	每只扣 5 分	
		3. 元器件安装不整齐、不匀称、不合理	每只扣 3 分	
		4. 损坏元器件	扣 15 分	
布线	30	1. 不按电路图接线	扣 20 分	
		2. 布线不符合要求：主电路	每根扣 3 分	
		控制电路	每根扣 2 分	
		3. 接点不符合要求	每个扣 2 分	
		4. 损伤导线绝缘层或线芯	每根扣 5 分	
		5. 编码套管套装地不正确	每处扣 1 分	
通电试车	30	1. 第一次试车不成功	扣 10 分	
		2. 第二次试车不成功	扣 20 分	
		3. 第三次试车不成功	扣 30 分	
排故	20	1. 故障分析、排故思路不正确	扣 5～10 分	
		2. 标错电路故障范围	每处扣 10 分	
		3. 停电不验电	扣 2 分	
		4. 工具、仪表使用不当	每处扣 5 分	
		5. 排故顺序不对	扣 2～5 分	
		6. 不能查出故障	每处扣 10 分	
		7. 扩大故障	扣 20 分	
安全文明生产		违反安全文明生产规程	扣 10～15 分	

知识链接

一、电气原理图

双速电动机控制电路图如图 2-12 所示。

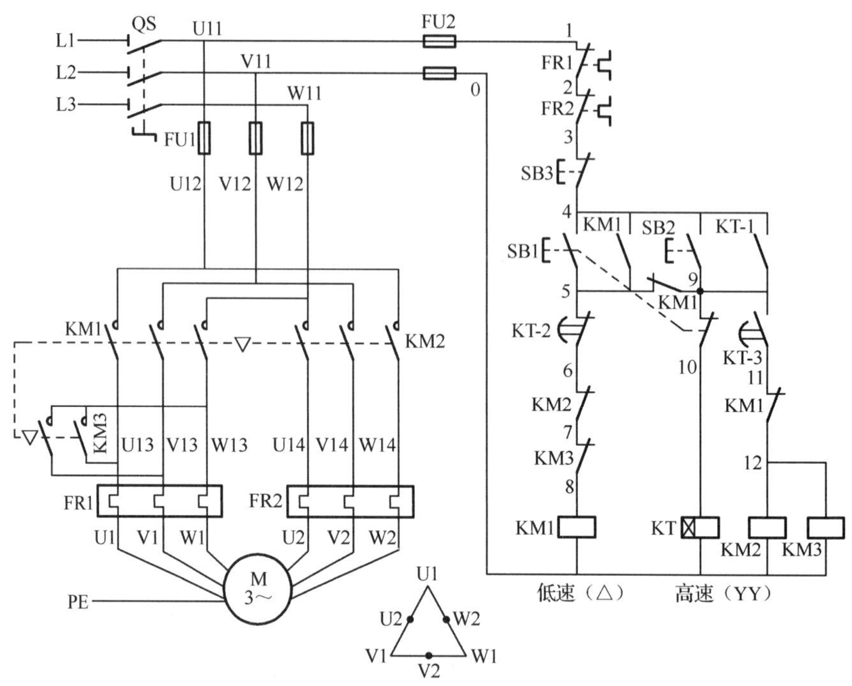

图 2-12　双速电动机控制电路图

二、电路原理分析

电路原理如下，合上电源开关 QS。

1．三角形低速启动运转。

按下SB1 → SB1常闭触点先分断，对KM2、KM3互锁

　　　　→ SB1常开触点后闭合 → KM1线圈得电 —①→

—①→ KM1联锁触点分断，对KM2、KM3互锁

　　→ KM1自锁触点闭合自锁 ┐

　　→ KM1主触点闭合 ┘→ 电动机M启动，低速运转

2．双星形高速运转。

按下SB2 → KT线圈得电 → KT-1闭合自锁

　　　　　　　　　　→ 延时时间到 → KT-2断开 —②→

　　　　　　　　　　　　　　　　→ KT-3闭合 —③→

—②→ KM1线圈失电 → 解除低速惯性运行

—③→ KM2、KM3线圈得电 → 电动机双星形高速运行

3．停止。

按下 SB3 即可停止。

任务九　双向启动反接制动控制电路

任务目标

1．了解双向启动反接制动控制电路的工作原理。

2．熟悉双向启动反接制动控制电路的安装方法。

3．掌握双向启动反接制动控制电路的故障检修技能。

4．提高自我学习、信息处理、数字应用等方法能力，以及与人交流、与人合作、解决问题等社会能力，自查6S执行力。

任务描述

根据电气原理图安装、调试双向启动反接制动控制电路。

任务实施

1．训练器材。

元器件明细表（学生自行选择）如表2-20所示。

表2-20　元器件明细表

代　号	名　称	型　号	规　格	数　量
M	三相异步电动机	Y100L2-4	3kW、380V、6.8A、△接法、1440r/min	
QS				
FU1				
FU2				
KM				
KT				
KA				
SR				
SB				
FR				
XT				

2．训练步骤。

（1）识读电气原理图，并按电动机的功率选择元器件。

（2）准备所需的元器件，并检验。

（3）绘制平面布置图，经老师检验合格后，在控制板上按图排列、固定元器件，并贴上醒目的文字符号。

（4）按图接线。

（5）根据电路图检查控制板布线的正确性。

（6）连接电动机及保护接地线。

（7）自检、校验。

（8）连接电源、通电试车。

（9）整理板面和工位。

（10）试车完毕，每位同学在自己的控制板上模拟故障后交叉进行排故练习。

（11）工艺要求同任务一。

安全注意事项

1．进入实训场地必须穿戴好劳保用品。

2．安装时，用力不要太猛，以防螺钉打滑。

3．试车时，应符合试车顺序，并严格遵守安全规定。

4．人体与电动机的旋转部分应保持适当的距离。

5．进行故障检修时应执行停电作业。

任务评价

线路安装评分表如表 2-21 所示。

表 2-21　线路安装评分表

项目内容	配分	评分标准		扣分
装前检查	5	电气元件漏装或错检	每处扣 1 分	
安装元器件	15	1．不按布置图安装 2．元器件安装不牢固 3．元器件安装不整齐、不匀称、不合理 4．损坏元器件	扣 15 分 每只扣 5 分 每只扣 3 分 扣 15 分	
布线	30	1．不按电路图接线 2．布线不符合要求：主电路 控制电路 3．接点不符合要求 4．损伤导线绝缘层或线芯 5．编码套管套装地不正确	扣 20 分 每根扣 3 分 每根扣 2 分 每个扣 2 分 每根扣 5 分 每处扣 1 分	
通电试车	30	1．第一次试车不成功 2．第二次试车不成功 3．第三次试车不成功	扣 10 分 扣 20 分 扣 30 分	
排故	20	1．故障分析、排故思路不正确 2．标错电路故障范围 3．停电不验电 4．工具、仪表使用不当 5．排故顺序不对 6．不能查出故障 7．扩大故障	扣 5～10 分 每处扣 10 分 扣 2 分 每处扣 5 分 扣 2～5 分 每处扣 10 分 扣 20 分	
安全文明生产		违反安全文明生产规程	扣 10～15 分	

知识链接

一、电气原理图

双向启动反接制动控制电路图如图 2-13 所示。

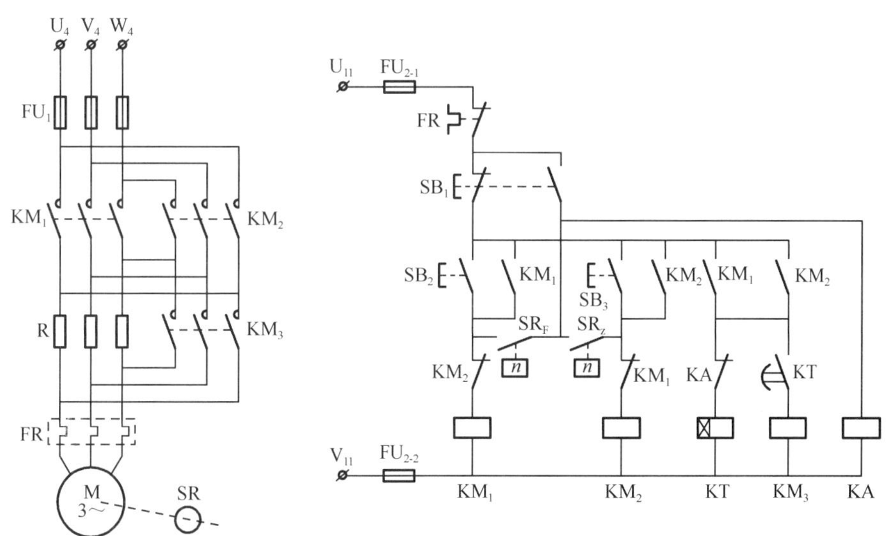

图 2-13　双向启动反接制动控制电路图

二、电路原理分析

如图 2-13 所示，电路原理如下，合上电源开关 QS。

1．正转控制。

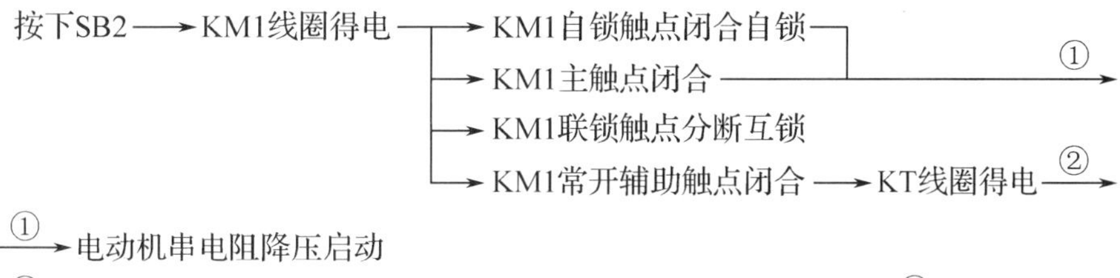

②→经过t秒后→KT常开触点延时闭合→KM3线圈得电③→

③→KM3主触点闭合→电动机全压运行

当电动机正转转数达到一定值时，速度继电器 SRZ 常开触点闭合，为反接制动做好准备。

2．制动控制。

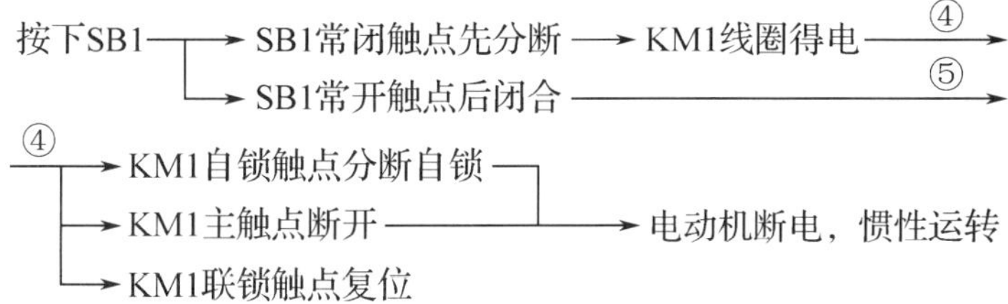

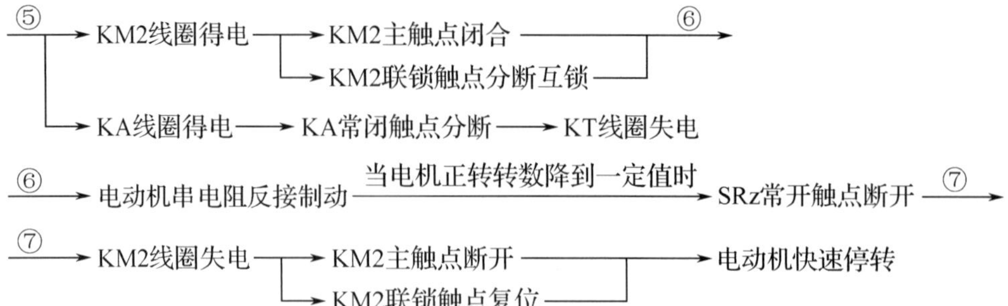
⑤
KM2线圈得电
KM2主触点闭合
⑥
KM2联锁触点分断互锁
KA线圈得电
KA常闭触点分断
KT线圈失电
⑥
电动机串电阻反接制动
当电机正转转数降到一定值时
SRz常开触点断开
⑦
⑦
KM2线圈失电
KM2主触点断开
电动机快速停转
KM2联锁触点复位

项目三　常用工业机械电气控制线路的检修

在学习了常用低压电器及其拆装与维修，电动机基本控制线路及其安装、调试与维修的基础上，本项目将通过对万能铣床、镗床、桥式起重机等具有代表性的常用生产机械的电气控制线路原理及其检修方法进行分析和研究，以提高在实际工作中综合分析和解决问题的能力。

一、工业机械电气设备维修的一般要求

电气设备在运行过程中，由于各种原因难免会产生各种故障，致使工业机械电气设备不能正常工作，不但影响生产效率，严重时还会造成人身设备事故等。因此，电气设备发生故障后，维修电工应能及时、熟练、正确、迅速、安全地查出故障，并加以排除，尽早恢复工业机械电气设备的正常运行。

对工业机械电气设备维修的一般要求如下。

1. 采取的维修步骤和方法必须正确、切实可行。
2. 不得损坏完好的电气组件。
3. 不得随意更换电气组件及连接导线的型号规格。
4. 不得擅自改动线路。
5. 损坏的电气装置应尽量修复，但不得降低其固有的性能。
6. 电气设备的各种保护性能必须满足使用要求。
7. 绝缘电阻合格，通电试车能满足电路的各种功能需求，控制环节的动作程序符合要求。
8. 修理后的电气装置必须满足其质量标准要求，电气装置的检修质量标准如下。

（1）外观整洁，无破损和碳化现象。

（2）所有触点均应完整、光洁、接触良好。

（3）压力弹簧和反作用力弹簧应具有足够的弹力。

（4）操纵机构、复位机构必须灵活可靠。

（5）各种衔铁运动灵活、无卡阻现象。

（6）灭弧罩完整、清洁，安装牢固。

（7）整定数值大小应符合电路的使用要求。

（8）指示装置能正常发出信号。

二、工业机械电气设备维修的一般方法

电气设备的维修包括日常维护保养和故障检修两方面。

1. 电气设备的日常维护保养。

电气设备在运行过程中出现的故障，有些是由操作使用不当、安装不合理或维修不正

确等人为因素造成的，称为人为故障。而有些故障则是因电气设备在运行时过载、机械振动、电弧的烧损、长期动作的自然磨损、周围环境温度和湿度的影响、金属屑和油污等有害介质的侵蚀、电气组件的自身质量问题或使用寿命等原因而产生的，称为自然故障。显然，如果加强对电气设备的日常检查、维护和保养，及时发现故障，并给予及时的修复或更换处理，就可以将故障消灭在萌芽状态，防患于未然，使电气设备少出，甚至不出故障，以保证工业机械电气设备正常运行。

电气设备的日常维护保养包括电动机和控制设备的日常维护保养。

（1）电动机的日常维护保养。

1）应保持电动机表面清洁，进风口和出风口必须畅通无阻，不允许水滴、油污或金属屑等异物掉入电动机的内部。

2）经常检查运行中的电动机的负载电流是否正常，用钳形电流表查看三相电流是否平衡，三相电流中的任何一相与平均值相差不允许超过10%。

3）对工作在正常环境条件下的电动机，应定期用兆欧表检查其绝缘电阻；对工作在潮湿、多尘及含有腐蚀性气体等环境下的电动机，更应该经常检查其绝缘电阻。三相380V的电动机及各种低压电动机的绝缘电阻至少为0.5MΩ方可使用。高压电动机定子绕组的绝缘电阻为1MΩ/kV，转子的绝缘电阻至少为0.5MΩ方可使用。若发现电动机的绝缘电阻达不到规定的要求，应采取相应措施进行处理，使其符合要求后，方可继续使用。

4）经常检查电动机的接地装置，使之保持牢固可靠。

5）经常检查电源电压是否与铭牌相符，三相电源电压是否对称。

6）经常检查电动机的温升是否正常。三相异步电动机的最高允许温度（用温度计测量法，环境温度+40℃）如表3-1所示。

表3-1　三相异步电动机的最高允许温度

绝缘等级		A	E	B	F	H
最高允许温度（℃）	定子绕组和转子绕组	95	105	110	125	145
	定子铁芯	100	115	120	140	165
	滑环	100	110	120	130	140

7）经常检查电动机的振动是否正常，有无异常气味、冒烟、启动困难等现象，一旦发现，应立即停车检修。

8）经常检查电动机是否存在过热（各部位相应工作温度见表3-1）、轴承润滑脂不足、磨损等现象，轴承的振动和轴向位移不得超过规定值。应定期清洗检查轴承，定期补充或更换轴承润滑脂（一般一年左右）。电动机常用的润滑脂特性如表3-2所示。

表3-2　电动机常用的润滑脂特性

名　　称	钙基润滑脂	钠基润滑脂	钙钠基润滑脂	铝基润滑脂
最高工作温度（℃）	70～85	120～140	115～125	200
最低工作温度（℃）	≥-10	≥-10	≥-10	—

续表

名　　称	钙基润滑脂	钠基润滑脂	钙钠基润滑脂	铝基润滑脂
外观	黄色软膏	暗褐色软膏	淡黄色、深棕色软膏	黄褐色软膏
适用电动机	封闭式、低速轻载的电动机	开启式、高速重载的电动机	开启式及封闭式高速重载的电动机	开启式及封闭式高速运行的电动机

9）对于绕线式转子异步电动机，应检查电刷与滑环之间的接触压力、磨损及火花情况。当发现不正常的火花时，需进一步检查电刷或清理滑环表面，并校正电刷弹簧的压力。一般电刷与滑环的接触面积不应小于全面积的75%；电刷压强应为15000～25000Pa；刷握和滑环间应有2～4mm的间距；电刷与刷握内壁应保持0.1～0.2mm的游隙；对磨损严重者需要更换。

10）对直流电动机应检查换向器表面是否光滑圆整，有无机械损伤或火花灼伤。若沾有碳粉、油污等杂物，则要用干净柔软的白布蘸酒精擦拭。换向器在负荷下长期运行后，其表面会产生一层均匀的深褐色的氧化膜，这层薄膜具有保护换向器的功效，切忌用砂布磨去。但当换向器表面出现明显的灼痕或因火花烧损出现凹凸不平的现象时，则需要对其表面用零号砂布进行细心的研磨或用车床重新车光，再将换向器片间的云母下刻1～1.5mm深，并将表面的毛刺、杂物清理干净后，方能重新装配使用。

11）检查机械传动装置是否正常，检查联轴器、带轮或传动齿轮是否跳动。

12）检查电动机的引出线的绝缘性能是否良好，是否连接可靠。

（2）控制设备的日常维护保养。

1）电气柜的门、盖、锁及门框周边的耐油密封垫均应良好。门、盖应关闭严密，柜内应保持清洁，不得有水滴、油污和金属屑等进入电气柜内，以免损坏电气设备，造成事故。

2）操纵台上的所有操纵按钮、主令开关的手柄、信号灯及仪表护罩都应保持清洁完好。

3）检查接触器、继电器等的触点系统的吸合是否良好，有无噪音、卡住或迟滞现象，触点接触面有无烧蚀、毛刺或穴坑；电磁线圈是否过热；灭弧装置是否完好无损等。

4）试验位置开关能否起到位置保护作用。

5）检查各电气设备的操作机构是否灵活可靠，有关整定值是否符合要求。

6）检查各线路接头与端子板的连接是否牢靠，检查各部件之间的连接导线、电缆或保护导线的软管，不得被冷却液、油污等腐蚀，管接头处不得产生脱落等现象。

7）检查电气柜及导线通道的散热情况是否良好。

8）检查各类指示信号装置和照明装置是否完好。

9）检查电气设备和工业机械上的所有裸露导体是否接到了保护接地专用端子上，是否达到了保护电路连续性的要求。

（3）电气设备的维护保养周期

对于设置在电气柜内的电气组件，一般不经常进行开门维护，而是要进行定期的维护保养，以确保电气设备较长时间的安全稳定运行，其维护保养的周期应根据电气设备的机构、使用情况及环境等来确定。一般可采用配合工业机械的一、二级保养同时进行电气设备的维护保养工作。

1）配合工业机械一级保养进行电气设备的维护保养工作。例如，金属切削机床的一级保养一般一季度左右进行一次。机床作业时间常为 6～12h，这时可对机床电气柜内的电气组件进行如下维护保养。

① 清扫电气柜内的积灰等异物。

② 修复或更换即将损坏的电气组件。

③ 整理内部接线，使之整齐美观。特别是平时的应急修理处，应尽量复原成正规状态。

④ 紧固熔断器的可动部分，使之接触良好。

⑤ 紧固接线端子和电气组件上的压线螺钉，使所有压接线头牢固可靠，以减小接触电阻。

⑥ 对电动机进行小修和中修等检查。

⑦ 通电试车，使电气组件的动作程序正确可靠。

2）配合工业机械二级保养进行电气设备的维护保养工作。例如，金属切削机床的二级保养一般一年左右进行一次，机床作业时间常为 3～6 天，此时可对机床电气柜内的电气组件进行如下维护保养。

① 进行机床一级保养时对机床电器所进行的各项维护保养工作，在二级保养时仍需照例进行。

② 着重检查动作频繁且电流较大的接触器、继电器触点。为了承受频繁切合电路所造成的机械冲击和电流的烧损，多数接触器和继电器的触点采用银或银合金制成，其表面会自然形成一层氧化银或硫化银，并不影响导电性能，这是因为在电弧的作用下它还能还原成银，因此不要随意清除掉。即使这类触点表面出现烧毛或凹凸不平的现象，仍不会影响触点的良好接触，不必修整锉平（但铜质触点表面烧毛后则应及时修平），但触点严重磨损至原厚度的 1/2 及以下时应更换新触点。

③ 检修有明显噪声的接触器和继电器，找出原因并修复后方可继续使用，否则应更换新件。

④ 校验热继电器，看其是否能正常动作。校验结果应符合热继电器的动作特性。

⑤ 校验时间继电器，看其延时时间是否符合要求。如误差超过允许值，则应调整或修理，使之重新达到要求。

2．故障检修的一般方法。

尽管对电气设备采取了日常维护保养工作，降低了电气故障的发生率，但无法杜绝电气故障发生。因此，维修电工不但要掌握电气设备的日常维护保养方法，还要学会正确的检修方法。下面介绍电气故障发生后的一般分析和检修方法。

（1）检修前的故障调查。

当工业机械发生电气故障后，切勿盲目动手检修。在检修前，应通过问、看、听、摸来了解故障前后的操作情况和故障发生后出现的异常现象，以便根据故障现象判断出故障发生的部位，进而准确地排除故障。

问：询问操作者故障前后电路和设备的运行状况及故障发生后的状况，如故障是经常发生还是偶尔发生；是否有响声、冒烟、火花、异常振动等征兆；故障发生前有无切削力过大和频繁启动、停止、制动等情况；是否经过保养检修或改动线路等。

看：查看故障发生前是否有明显的外观征兆，如各种信号，包括指示装置的熔断器的情况、保护电器的脱扣动作、接线脱落、触点烧蚀或熔焊、线圈过热烧毁等。

听：在线路还能运行、不扩大故障范围、不损坏设备的前提下，可通电试车，细听电动机、接触器和继电器等的声音是否正常。

摸：在刚切断电源后，尽快触摸检查电动机、变压器、电磁线圈及熔断器等，看是否有过热现象。

（2）用逻辑分析法确定并缩小故障范围。

检修简单的电气控制线路时，对每个电气组件、每根导线逐一进行检查，一般能很快找到故障点。但对复杂的线路而言，往往有上百个组件，数千条连线，若采取逐一检查的方法，不仅需要消耗大量时间，也容易漏查。在这种情况下，若根据电路图，采用逻辑分析法，对故障现象进行具体分析，划出可疑范围，提高维修的针对性，就可以获得准而快的效果。分析电路时，通常先从主电路入手，了解工业机械各运动部件和机构采用了几台电动机，与每台电动机相关的电气组件有哪些，采用了何种控制，然后根据电动机主电路所用的电气组件的文字符号、图区号及控制要求，找到相应的控制电路。在此基础上，结合故障现象和线路工作原理认真进行分析排查，即可迅速判定故障发生的可能范围。

当故障的可疑范围较大时，不必按部就班地逐级进行检查，这时可在故障范围内的中间环节进行检查，来判断故障究竟发生在哪一部分，从而缩小故障范围，以提高检修速度。

（3）对故障范围进行外观检查。

在确定了故障可能发生的范围后，可对范围内的电气组件及连接导线进行外观检查。例如，熔断器的熔断；导线接头松动或脱落；接触器和继电器的触点脱落或接触不良，线圈烧坏使表层绝缘纸烧焦变色，烧化的绝缘清漆流出；弹簧脱落或断裂；电气开关的动作机构受阻失灵等，都能明显地表明故障所在。

（4）用试验法进一步缩小故障范围。

经外观检查未发现故障点时，可根据故障现象，结合电路图分析故障原因，在不扩大故障范围、不损伤电气和机械设备的前提下，进行直接通电试验，或除去负载（从控制箱接线端子板卸下）进行通电试验，以分清故障是在电气部分还是在机械等其他部分，是在电动机上还是在控制设备上，是在主电路上还是在控制电路上。一般情况下，先检查控制电路，具体做法是：操作某一只按钮或开关时，线路中相关的接触器、继电器将按规定的动作顺序进行工作。若依次动作至某一电气组件时，发现动作不符合要求，则说明该电气组件或其相关电路有问题。再在此电路中进行逐项分析和检查，一般便可发现故障。待控制电路的故障排除，恢复正常后，再接通主电路，检查控制电路对主电路的控制效果，观察主电路的工作情况有无异常等。

在通电试验时，必须注意人身和设备安全。要遵守安全操作规程，不得随意触动带电部分，要尽可能切断电动机的主电路电源，只在控制电路带电的情况下进行检查；如需电动机运转，则应使电动机在空载下运行，以避免工业机械的运动部分发生误动作和碰撞；要暂时隔断有故障的主电路，以免故障扩大，并预先充分估计局部线路动作可能导致的不良后果。

（5）用测量法确定故障点。

测量法是维修电工工作中用来正确确定故障点的一种行之有效的检查方法。常用的测试工具和仪表有校验灯、测电笔、万用表、钳形电流表、兆欧表等，主要通过对电路进行带电或断电时的有关参数（如电压、电阻、电流等）的测量，来判断电气组件的好坏、设备的绝缘情况及线路的通断情况。随着科学技术的发展，测量手段也在不断更新。例如，在晶闸管-电动机自动调速系统中，利用示波器来观察晶闸管整流装置的输出波形、触发电路的脉冲波形，就能很快判断系统的故障所在。

在用测量法检查故障点时，一定要保证各种测量工具和仪表完好，使用方法正确，还要注意防止感应电、回路电及其他并联支路的影响，以免产生误判断。

下面介绍几种常用的测量方法。

1）电压分段测量法，如图 3-1 所示，首先把万用表的转换开关置于交流电压 500V 的挡位上，然后按如下方法进行测量。

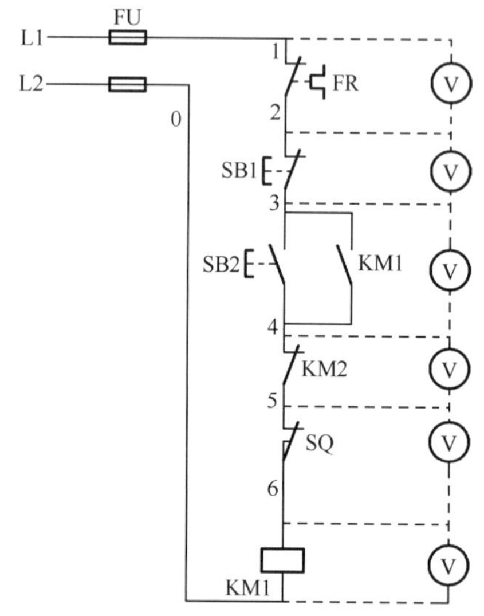

图 3-1　电压分段测量法

先用万用表测量 0-1 两点间的电压，若为 380V，则说明电源电压正常。然后一人按下启动按钮 SB2，若接触器 KM1 不吸合，则说明电路有故障。这时另一人可用万用表的红、黑两根表棒逐段测量相邻两点 1-2、2-3、3-4、4-5、5-6、6-0 之间的电压，根据测量结果即可找出故障点，如表 3-3 所示。

表 3-3　电压分段测量法所测的电压值及故障点

故障现象	测试状态	1-2	2-3	3-4	4-5	5-6	6-0	故障点
按下 SB2 时，KM1 不吸合	按下 SB2 不放	380V	0	0	0	0	0	FR 常闭触点接触不良
		0	380V	0	0	0	0	SB1 触点接触不良
		0	0	380V	0	0	0	SB2 触点接触不良
		0	0	0	380V	0	0	KM2 常闭触点接触不良
		0	0	0	0	380V	0	SQ 触点接触不良
		0	0	0	0	0	380V	KM1 线圈断路

2）电阻分段测量法，如图 3-2 所示，测量检查时，首先切断电源，然后把万用表的转

换开关置于倍率适当的电阻挡，并逐段测量图 3-2 所示的相邻点号 1-2、2-3、3-4（测量时由一人按下 SB2）、4-5、5-6、6-0 之间的电阻。如果测得某两点间的电阻值很大（∞），则说明这两点间接触不良或导线断路，如表 3-4 所示。

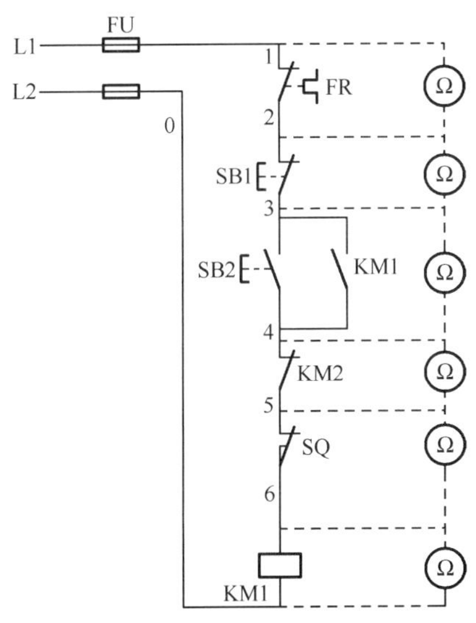

图 3-2　电阻分段测量法

表 3-4　用电阻分段测量法查找故障点

故障现象	测量点	电阻值	故障点
按下 SB2，KM1 不吸合	1-2	∞	FR 常闭触点接触不良或误动作
	1-3	∞	SB1 常闭触点接触不良
	3-4	∞	SB2 常开触点接触不良
	4-5	∞	KM2 常闭触点接触不良
	5-6	∞	SQ 常闭触点接触不良
	6-0	∞	KM1 线圈断路

电阻分段测量法的优点是安全，缺点是当测量的电阻值不正确时，易造成判断错误，为此应注意以下几点。

用电阻测量法检查故障时，一定要先切断电源。

所测量的电路若与其他电路并联，必须将该电路与其他电路断开，否则所测的电阻值不正确。

③ 测量高电阻的电气组件时，要将万用表的电阻挡转换到适当的挡位。

3）短接测量法，机床电气设备的常见故障为断路故障，如导线断路、虚线、虚焊、触点接触不良、熔断器熔断等。对于这类故障，除用电压法和电阻法检查外，还有一种更为简便可靠的方法，就是短接测量法。检查时，用一根绝缘性能良好的导线将所怀疑的断路部位短接，若短接到某处时电路接通，则说明该处断路。

① 局部短接法。检查前，先用万用表测量图 3-3（a）所示的 1-0 两点间的电压，若电

压正常，可一人按下启动按钮 SB2 不放，然后另一人用一根绝缘性能良好的导线分别短接标号相邻的两点 1-2、2-3、3-4、4-5、5-6（注意不要短接 6-0 两点，否则会造成短路），当短接到某两点时，接触器 KM1 吸合，则说明断路故障就在这两点之间，如表 3-5 所示。

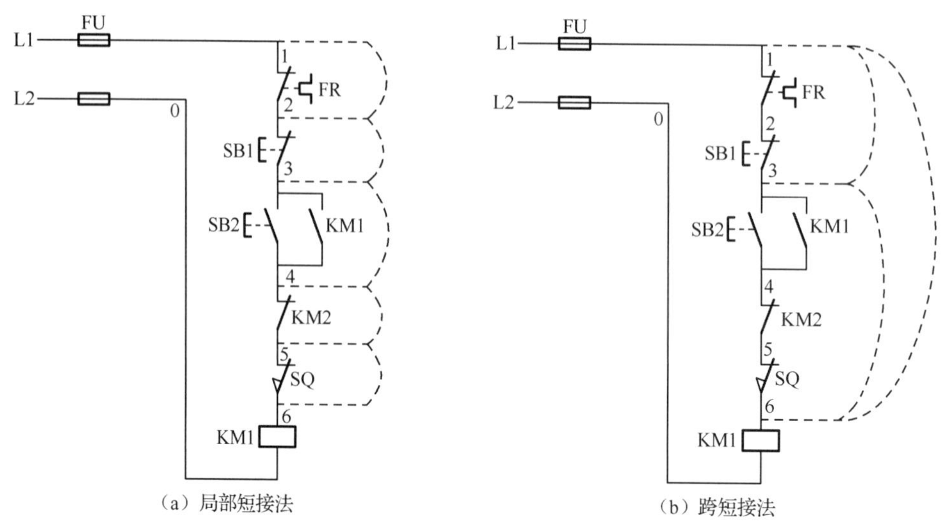

图 3-3　短接测量法

表 3-5　用局部短接法查找故障点

故 障 现 象	短接点标号	KM1 动作	故　障　点
按下 SB2，KM1 不吸合	1-2	KM1 吸合	FR 常闭触点接触不良或误动作
	2-3	KM1 吸合	SB1 常闭触点接触不良
	3-4	KM1 吸合	SB2 常开触点接触不良
	4-5	KM1 吸合	KM2 常闭触点接触不良
	5-6	KM1 吸合	SQ 常闭触点接触不良

② 跨短接法。跨短接法是指一次短接两个或多个触点来检查故障的方法，如图 3-3（b）所示。

当 FR 的常闭触点和 SB1 的常闭触点同时接触不良时，若用局部短接法短接，如图 3-3（b）中的 1-2 两点，按下 SB2，KM1 仍不能吸合，则可能造成判断错误；而用跨短接法将 1-6 两点短接，如果 KM1 吸合，则说明 1-6 这段电路上有断路故障；然后用局部短接法逐段找出故障点即可。

跨短接法的另一个作用是可把故障点缩小到较小的范围。例如，第一次先短接 3-6 两点，KM1 不吸合，再短接 1-3 两点，KM1 吸合，说明故障在 1-3 两点间。可见，如果能结合使用跨短接法和局部短接法，就能快速找出故障点。

用短接法检查故障时必须注意以下几点。

第一、用短接法检测时，是用手拿绝缘导线进行带电操作的，所以一定要注意安全，避免触电事故。

第二、短接法只适用于查找压降极小的导线及触点之类的断路故障。对于压降较大的电气组件，如电阻、线圈、绕组等的断路故障，不能采用短接法查找，否则会出现短路故障。

第三、对于工业机械的某些要害部位，必须在保证电气设备或机械部件不会出现事故的情况下，才能使用短接法。

（6）检查是否存在机械、液压故障。

在许多电气设备中，电气组件的动作是由机械、液压来推动的，或与它们有着密切的联动关系，所以在检修电气故障的同时，应检查、调整和排除机械、液压部分的故障，或与机械维修工配合作业。

以上所述检查分析电气设备故障的一般顺序和方法，应根据故障的性质和具体情况灵活选用，断电检查多采用电阻分段测量法，通电检查多采用电压分段测量法或电流法，各种方法可交叉使用，以便迅速有效地找出故障点。

（7）修复及注意事项。

当找出电气设备的故障点后，就要着手进行修复、试运转、记录等，然后交付使用，但必须注意以下事项。

1）在找出故障点和修复故障时，应注意不能把找出的故障点作为寻找故障的终点，还必须进一步分析查明产生故障的根本原因。例如，在处理某台电动机因过载烧毁的事故时，决不能认为将烧毁的电动机重新修复或换上一台同型号的新电动机就算完事，而应进一步查明电动机过载的原因，到底是因负载过重，还是因电动机选择不当或功率过小所致，因为这些都将导致电动机过载。

2）找出故障点后，一定要针对不同的故障情况和部位相应采取正确的修复方法，不要轻易采用更换电气组件和补线等方法，更不允许轻易改动线路或更换规格不同的电气组件，以防产生人为故障。

3）在故障点的修理工作中，一般情况下，应尽量做到复原。但是，有时为了尽快恢复工业机械的正常运行，根据实际情况也允许采取一些适当的应急措施，但绝不可凑合行事。

4）修复完电气故障，需要通电试运行，应和操作者配合进行试运行，避免出现新的故障。

5）每次排除故障后，应及时总结经验，并做好维修记录。记录的内容可包括：工业机械的型号、名称、编号、故障发生日期、故障现象、故障部位、损坏的电器、故障原因、修复措施及修复后的运行情况等。记录的目的：作为档案以备日后维修时参考，并通过对历次故障的分析，采取相应的有效措施，防止类似事故再次发生或对电气设备本身的设计提出改进意见等。

任务一　X62W 万能铣床电气控制线路及其检修

任务目标

1．掌握 X62W 万能铣床的电气调试与检修方法。

2．能熟练操作 HK-X62W 万能铣床，能根据机床的故障现象快速分析出故障范围，并熟练排除故障。

3．培养观察能力，提高故障分析能力及故障排除能力，提高电气维修人员的综合检修能力。

4．提高自我学习、信息处理、数字应用等方法能力，以及与人交流、与人合作、解决问题等社会能力，自查 6S 执行力；

任务描述

依据电气原理图，在 HK-X62W 万能铣床上排除电气故障，故障现象为主轴电动机、进给电动机均不能启动，但照明系统、冷却泵工作正常。

排故要求如下。

1．必须穿戴好劳保用品并进行安全文明操作。

2．能对 HK-X62W 万能铣床进行全功能操作。

3．能依据电路原理图快速查找到模拟机床上的对应器件及导线。

4．在 HK-X62W 万能铣床上逐一设置故障，并用电阻测量法逐一排除故障。记录各故障现象、故障部位及分析方法。待排故熟练后，可同时设置 2 到 3 个故障，逐一排除。

5．故障检测前及故障排除后的通电试车要严格遵循用电安全操作规程，并设置合格的监护人。

6．检修工时：每个故障限时 10min。

任务实施

1．训练器材。

HK-X62W 万能铣床、常用电工工具、万用表。

2．训练步骤。

具体的实训步骤及要求参考六步故障排除法。

（1）六步故障排除法的训练。

① 记录故障现象：

② 写出故障原因：

a.

b.

c.

③ 列写最小的故障范围：

④ 列写确定的故障部位：

⑤ 是否确认故障已经修复？

⑥ 故障修复后再试车：

a．故障修复后做了哪些事？

b．是否做好了再次试车的全部检查？

c．试车的所有功能是否正常？

（2）试车成功后，待实训指导教师对该任务的训练情况进行评价，并口试回答实训指导教师提出的问题后，方可进行设备的断电和短接线的拆除。

（3）按照正确的断电顺序进行断电操作，并拆除排除故障用的短接线，恢复设备故障箱内指定的故障开关，清理 HK-X62W 万能铣床的工作台面，自查实训工位及周边的 6S 执行情况。

任务评价

职业技能评分表如表 3-6 所示。

表 3-6　职业技能评分表

<table>
<tr><td>项目内容</td><td>配分</td><td colspan="3">评分标准</td><td>扣分</td></tr>
<tr><td>故障分析</td><td>30</td><td colspan="2">1．检修思路不正确
2．标错故障电路范围</td><td>扣 5～10 分
每个扣 15 分</td><td></td></tr>
<tr><td>排除故障</td><td>70</td><td colspan="2">1．停电不验电
2．工具及仪表使用不当
3．不能查出故障
4．查出故障点但不能排除
5．产生新的故障或扩大故障范围
不能排除
已经排除
6．损坏电气组件</td><td>扣 5 分
每处扣 5 分
每处扣 35 分
每处扣 25 分

每处扣 35 分
每处扣 15 分
每只扣 5～40 分</td><td></td></tr>
<tr><td colspan="2">安全文明生产</td><td colspan="2">违反安全文明生产规程</td><td>扣 10～70 分</td><td></td></tr>
<tr><td colspan="2">定额时间 1h</td><td colspan="3">不允许超时检查，在修复过程中才允许超时，但以每超 5min 扣 5 分计算</td><td></td></tr>
<tr><td>开始时间</td><td colspan="2"></td><td>结束时间</td><td></td><td>实际时间</td><td></td></tr>
<tr><td>备注</td><td colspan="4">除定额时间外，各项内容的最高扣分不得超过配分</td><td>成绩</td><td></td></tr>
</table>

知识链接

一、X62W 万能铣床型号的含义

X62W 万能铣床型号的含义如图 3-4 所示，其中，“2”表示 2 号工作台，分别以数字 0、1、2、3、4 表示工作台台面的宽度。

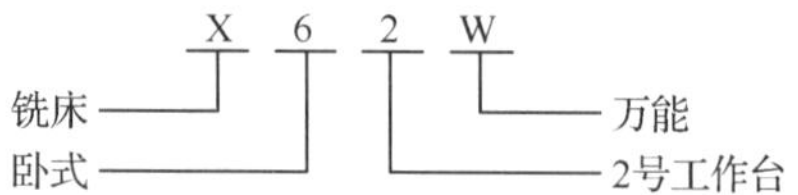

图 3-4　X62W 万能铣床型号的含义

二、机床的主要结构及运动形式

1．主要结构。

机床主要由床身、主轴、刀杆、横梁、工作台、回转盘、横溜板和升降台等组成，如图 3-5 所示。

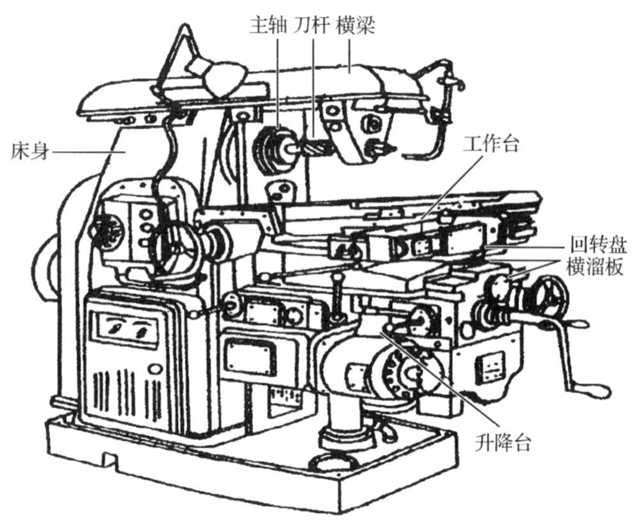

图 3-5　X62W 万能铣床的外形图

X62W 万能铣床电气技能实训考核装置的设备外形图如图 3-6 所示。

2．运动形式。

（1）主轴转动由主轴电动机通过弹性联轴器来驱动传动机构，当机构中的一个双联滑动齿轮块啮合时，主轴即可旋转。

（2）工作台面的移动由进给电动机驱动，它通过机械机构使工作台能进行三种形式、六个方向的移动，即工作台面能直接在横溜板上部可转动部分的导轨上进行纵向（左、右）移动；工作台面借助横溜板进行横向（前、后）移动；工作台面还能借助升降台进行垂直（上、下）移动。

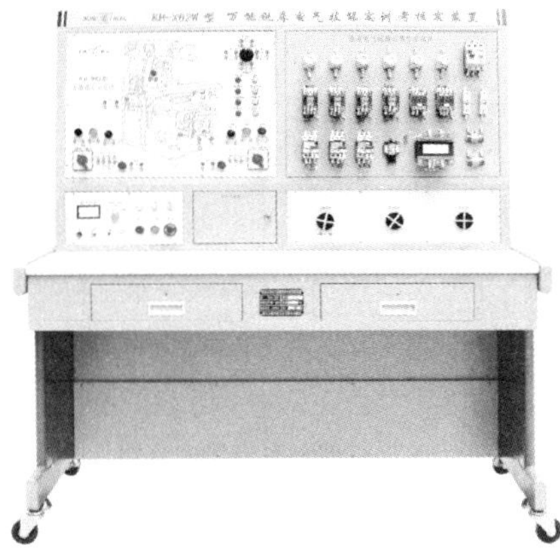

图 3-6　X62W 万能铣床电气技能实训考核装置的设备外形图

三、电力拖动的特点及控制要求

X26W 万能铣床共用 3 台异步电动机拖动，它们分别是主轴电动机 M1、进给电动机 M2 和冷却泵电动机 M3。

（1）铣削加工有顺铣和逆铣两种加工方式，所以要求主轴电动机能正反转，但考虑正反转操作并不频繁（批量顺铣或逆铣），因此可以在铣床床身下侧设置一个组合开关，来改变电源相，实现主轴电动机的正反转。由于主轴转动系统中装有避免震动的惯性轮，使主轴停车困难，故主轴电动机采用电磁离合器制动，以实现准确停车。

（2）铣床的工作台要求有前后、左右、上下 6 个方向的进给运动和快速移动，所以也要求进给电动机能正反转，并通过操纵手柄和机械离合器配合实现。进给的快速移动是通过电磁铁和机械挂挡来完成的。为了扩大其加工能力，在工作台上可加装圆形工作台，圆形工作台的回转运动是由进给电动机经转动机构驱动的。

（3）根据加工工艺的要求，该铣床应具有以下电气连锁措施。

① 为防止刀具和铣床损坏，要求只有主轴开始旋转后才允许进行进给和沿进给方向的快速移动。

② 为了减小加工件表面的粗糙度，只有进给停止后，主轴才能停止或同时停止。该铣床在电气上采用了主轴和进给同时停止的方式，但由于主轴运动的惯性很大，实际上就满足了进给运动先停止、主轴运动后停止的要求。

③ 6 个方向的进给运动中同时只能有一种运动产生，该铣床采用了机械操纵手柄和位置开关配合的方法来实现 6 个方向的联锁。

（4）主轴运动和进给运动采用变速盘来进行速度选择，为保证变速齿轮进入良好的啮合状态，两种运动都要求变速后进行瞬时点动。

（5）当主轴电动机或冷却泵过载时，进给运动必须立即停止，以免损坏刀具和铣床。

（6）要求有冷却系统、照明设备及各种保护措施。

四、电气控制线路分析

X62W 万能铣床电气控制线路如图 3-7 所示，由主电路、控制电路和照明电路三部分组成。X62W 万能铣床电气控制原理图如图 3-8 所示。

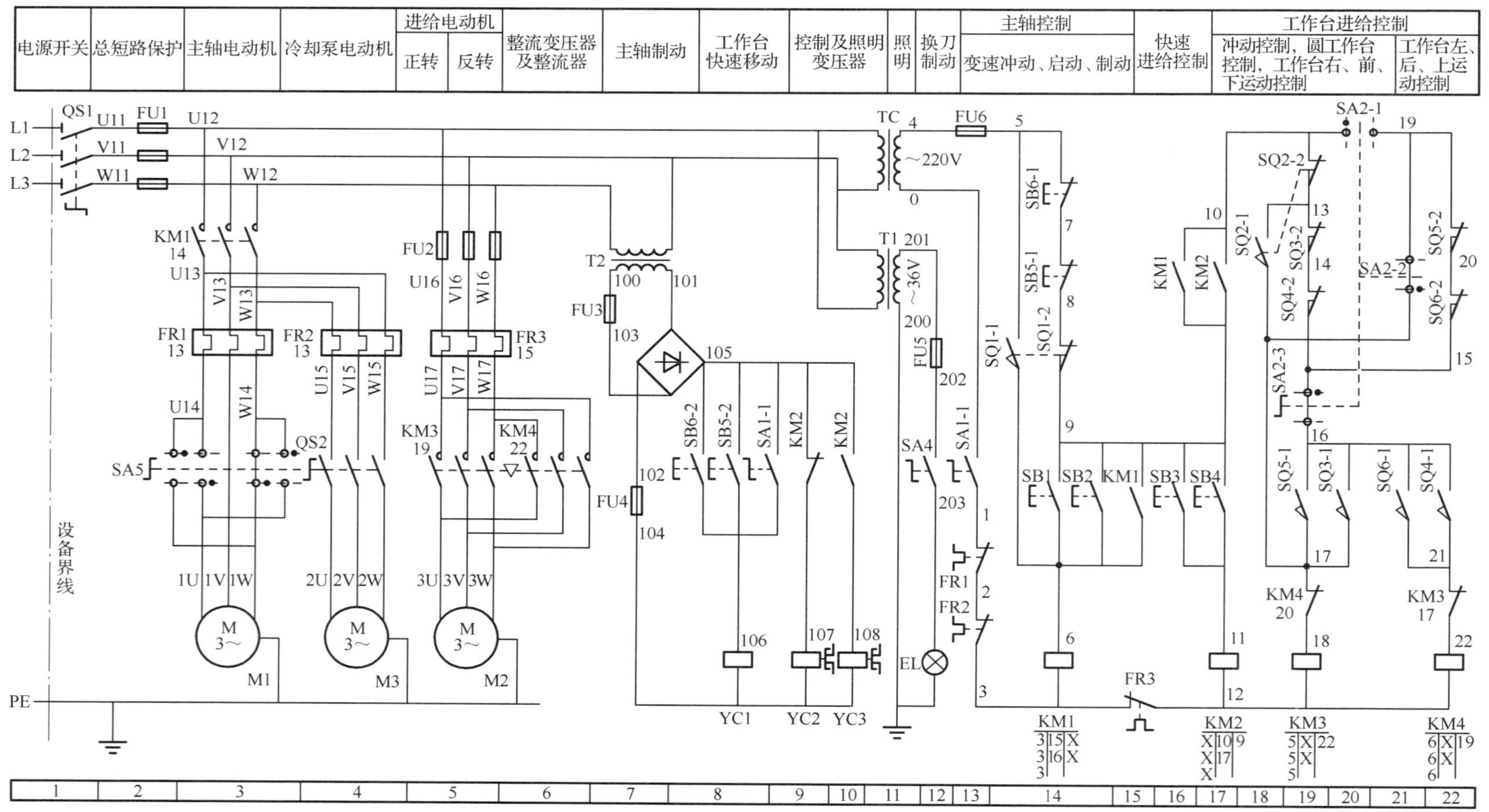

图3-7 X62W万能铣床电气控制线路

工作台左右进给手柄位置及其控制关系

手柄位置	位置开关动作	接触器动作	电动机M2转向	传动链搭合丝杠	工作台运动方向
左	SQ2	KM4	反转	左右进给丝杠	向左
中	—	—	停止	—	停止
右	SQ1	KM3	正转	左右进给丝杠	向右

工作台上、下、中、前、后进给手柄及其控制关系

手柄位置	闭合的位置开关	闭合的位置开关	电动机M2转向	传动链搭合丝杠	工作台运动方向
上	SQ4	KM4	反转	上下进给丝杠	向上
下	SQ3	KM3	正转	前后进给丝杠	向下
中	—	—	停止	—	停止
前	SQ3	KM3	正转	前后进给丝杠	向前
后	SQ4	KM4	反转	上下进给丝杠	向后

圆工作台开关SA3挡位

触头＼位置	接通	断开
SA3-1	—	+
SA3-2	+	—
SA3-3	—	+

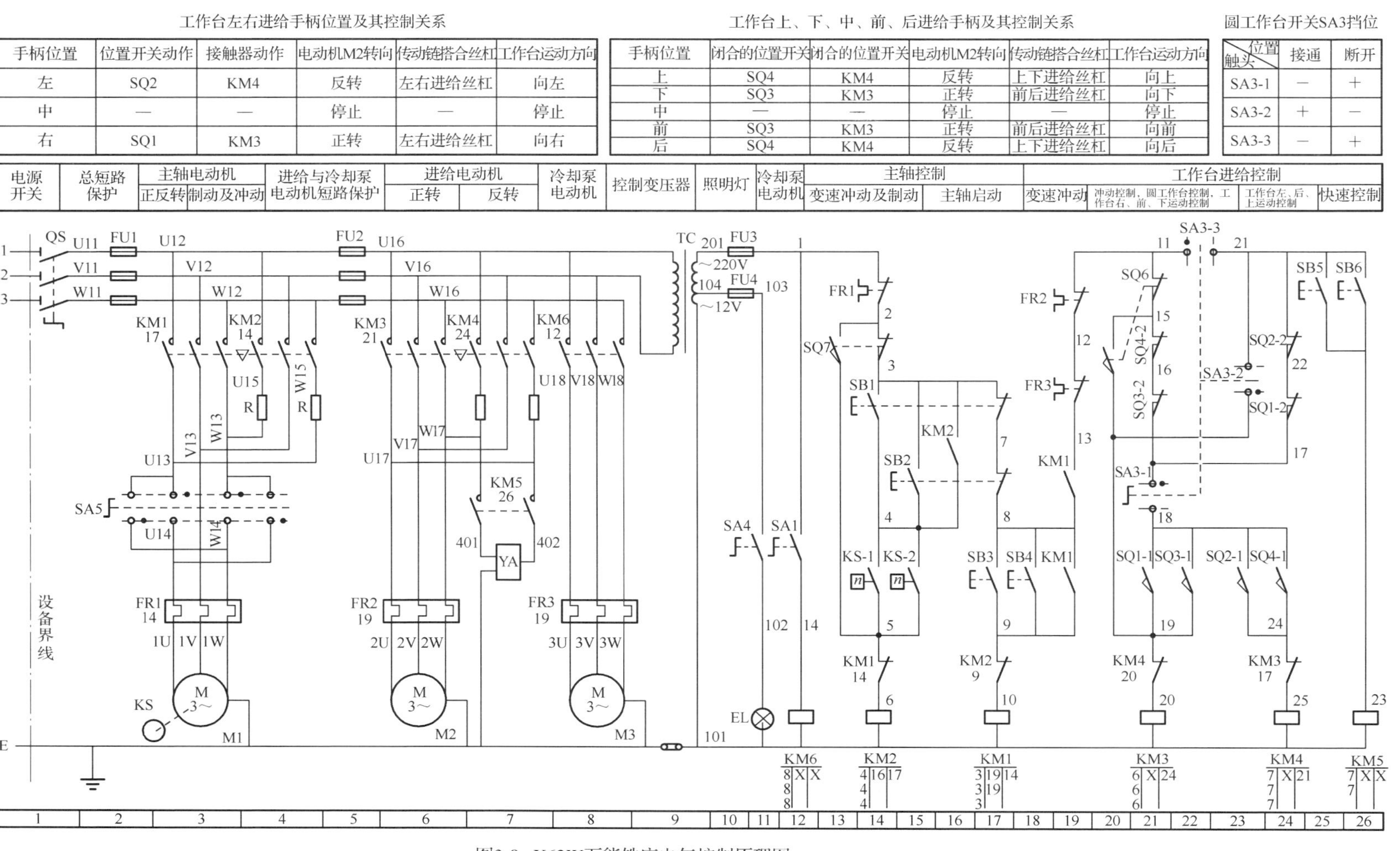

图3-8　X62W万能铣床电气控制原理图

1．主电路。

主电路有三台电动机，M1 是主轴电动机，M2 是进给电动机，M3 是冷却泵电动机。

（1）主轴电动机 M1 通过换相开关 SA5 与接触器 KM1 配合，能进行正反转控制，其与接触器 KM2、制动电阻器 R 及速度继电器配合，能实现串联电阻瞬时冲动和正反转反接制动控制，并能通过机械进行变速。

（2）进给电动机 M2 能进行正反转控制，通过 KM3、KM4、行程开关、KM5 及牵引电磁铁 YA 的相互配合，能实现进给变速时的瞬时冲动、六个方向的常速进给和快速进给控制，以及圆工作台的进给控制。

（3）冷却泵电动机 M3 只能正转。

（4）熔断器 FU1 用作机床总短路保护，也兼作 M1 的短路保护；FU2 作为 M2、M3，以及控制变压器 TC、照明灯 EL 的短路保护；热继电器 FR1、FR2、FR3 分别作为 M1、M2、M3 的过载保护。

2．控制电路。

（1）主轴电动机的控制图如图 3-9 所示。

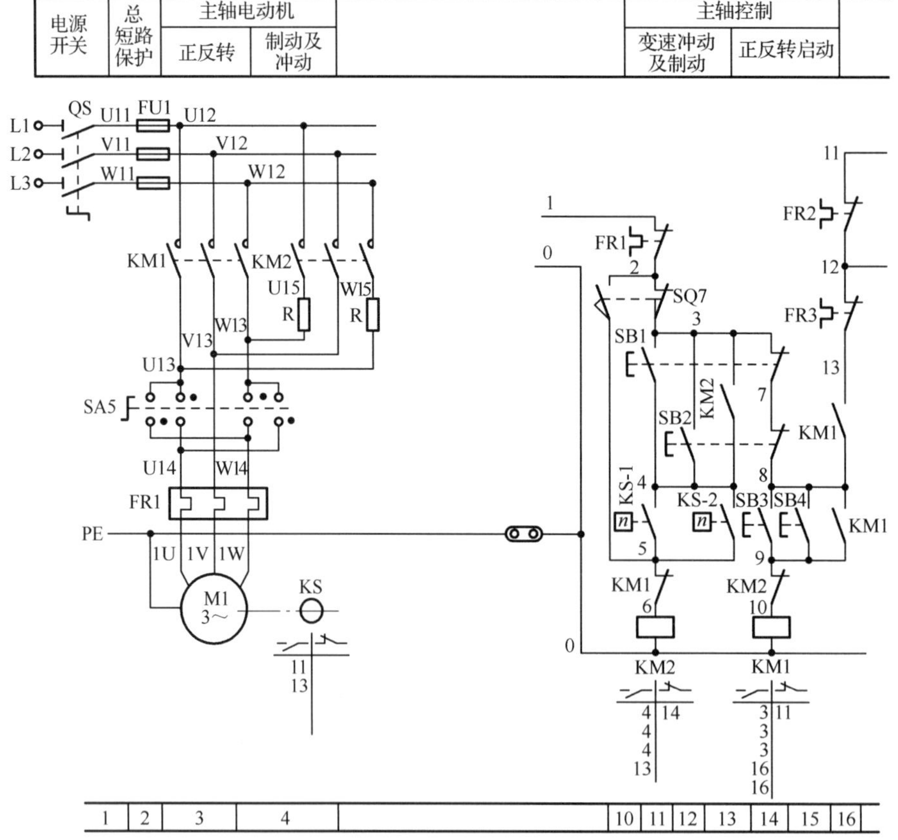

图 3-9　主轴电动机的控制图

① SB1、SB3 与 SB2、SB4 是分别装在机床两边的停止（制动）和启动按钮，可实现两地控制，方便操作。

② KM1 是主轴电动机的启动接触器，KM2 是反接制动和主轴变速冲动接触器。

③ SQ7 是与主轴变速手柄联动的瞬时动作行程开关。

④ 启动主轴电动机时，要先将 SA5 扳到主轴电动机所需要的旋转方向，然后按启动按钮 SB3 或 SB4 来启动主轴电动机 M1。

⑤ M1 启动后，速度继电器 KS 的一副常开触点闭合，为主轴电动机的停转制动做好准备。

⑥ 停车时，按停止按钮 SB1 或 SB2 切断 KM1 电路，接通 KM2 电路，改变 M1 的电源相序进行串电阻反接制动。当 M1 的转速低于 120r/min 时，速度继电器 KS 的一副常开触点恢复断开，切断 KM2 电路，M1 停转，制动结束。

据以上分析可写出主轴电动机转动（按 SB3 或 SB4）时控制线路的通路：1—2—3—7—8—9—10—KM1 线圈—0；主轴停止与反接制动（按 SB1 或 SB2）时的通路：1—2—3—4—5—6—KM2 线圈—0。

⑦ 主轴变速冲动控制示意图如图 3-10 所示，利用变速手柄与冲动行程开关 SQ7 通过机械上的联动机构进行控制。变速时，先下压变速手柄，然后拉到前面，当快要落到第二道槽时，转动变速盘，选择需要的转速。此时凸轮压下弹簧杆，先断开行程开关 SQ7 的常闭触点，切断 KM1 线圈的电路，电动机 M1 断电；后接通 SQ7 的常开触点，KM2 线圈得电动作，M1 被反接制动。当手柄拉到第二道槽时，SQ7 不受凸轮控制而复位，M1 停转。接着把手柄从第二道槽推回原始位置，凸轮又瞬时压动行程开关 SQ7，使 M1 反向瞬时冲动一下，以利于变速后的齿轮啮合。

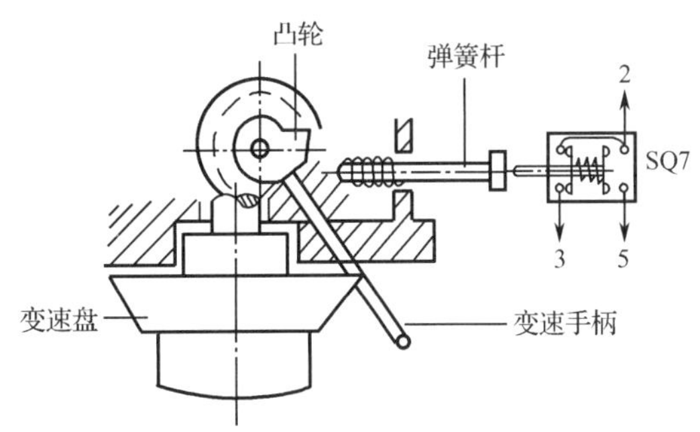

图 3-10　主轴变速冲动控制示意图

注意，无论是开车还是停车时，都应以较快的速度把手柄推回原始位置，以免通电时间过长，M1 转速过高而打坏齿轮。

（2）进给电动机的控制。工作台的纵向、横向和垂直运动都由进给电动机 M2 驱动，接触器 KM3 和 KM4 使 M2 实现正反转，用以改变进给运动方向。它的控制电路采用了与纵向运动机械操作手柄联动的行程开关 SQ1、SQ2，以及与横向和垂直运动机械操作手柄联动的行程开关 SQ3、SQ4，组成复合联锁控制。即在选择三种运动形式的六个方向移动时，只能进行其中一个方向的移动，以确保操作安全，当这两个机械操作手柄都在中间位置时，各行程开关都处于原始状态。

进给电动机 M2 在主轴电动机 M1 启动后才能工作。在机床接通电源后，将控制圆工作台的组合开关 SA3 扳到断开，使触点 SA3-1（17-18）和 SA3-3（12-21）闭合，而 SA3-2

（19-21）断开，然后启动 M1，这时接触器 KM1 吸合，使 KM1（9-12）闭合，就能进行工作台的进给控制。

① 工作台纵向（左右）运动的控制，工作台的纵向运动由进给电动机 M2 驱动，由纵向操纵手柄控制。此手柄是复式的，一个安装在工作台底座的顶面中央部位，另一个安装在工作台底座的左下方。手柄有三个：向左、向右、零位。当手柄扳到向右或向左的运动方向时，手柄的联动机构压下行程开关 SQ1 或 SQ2，使接触器 KM3 或 KM4 动作，控制进给电动机 M2 的正反转。工作台左右运动的行程可通过调整安装在工作台两端的撞铁位置来实现。当工作台纵向运动到极限位置时，撞铁撞动纵向操纵手柄，使它回到零位，M2 停转，工作台停止运动，从而实现了纵向终端保护。工作台向左运动：在 M1 启动后，将纵向操作手柄扳至向左的位置，一方面机械接通纵向离合器，同时在电气上压下 SQ1，使 SQ1-2 断，SQ1-1 通，而其他控制进给运动的行程开关都处于原始位置，此时使 KM3 吸合，M2 正转，工作台向左进给运动。其控制电路的通路为 11－15－16－17－18－19－20－KM3 线圈－0。工作台向右运动：当纵向操纵手柄扳至向右的位置时，在机械上仍然接通纵向进给离合器，但却压动了行程开关 SQ2，使 SQ2-2 断，SQ2-1 通，使 KM4 吸合，M2 反转，工作台向右进给运动，其通路为 11－15－16－17－18－24－25－KM4 线圈－0。

② 工作台垂直（上下）和横向（前后）运动的控制：工作台的垂直和横向运动由垂直和横向进给十字操纵手柄操纵。手柄的联动机械一方面压下行程开关 SQ3 或 SQ4，同时能接通垂直或横向进给离合器。操纵手柄有五个位置（上、下、前、后、中间），这五个位置是联锁的，工作台的上下和前后的终端保护利用装在床身导轨旁与工作台座上的撞铁，将操纵十字手柄撞到中间位置，使 M2 断电停转。

工作台向前（或者向下）运动的控制：将十字操纵手柄扳至向前（或向下）的位置时，在机械上接通横向进给（或垂直进给）离合器，同时压下 SQ4，使 SQ4-2 断，SQ4-1 通，使 KM4 吸合，M2 反转，工作台向前（或向下）运动，其通路为 11－21－22－17－18－24－25－KM4 线圈－0。

工作台向后（或向上）运动的控制：将十字操纵手柄扳至向后（或向上）的位置时，在机械上接通横向进给（或垂直进给）离合器，同时压下 SQ3，使 SQ3-2 断，SQ3-1 通，使 KM3 吸合，M2 正转，工作台向后（或向上）运动，其通路为 11－21－22－17－18－19－20－KM3 线圈－0。

③ 左右进给手柄与上下、前后进给手柄的联锁控制：在两个手柄中，只能进行一个进给方向上的操作，即当一个操纵手柄被置定在某一进给方向后，另一个操纵手柄必须置于中间位置，否则机床将无法实现任何方向的进给，这是因为在控制电路中对两者实行了联锁保护。如当纵向（左右）操纵手柄不在中间位置时，位置开关 SQ1 或 SQ2 中至少有一个被压下，此时若将十字手柄也扳向其中一个方向，则位置开关 SQ3 或 SQ4 也至少有一个被压下，此时，两条通路均分断，切断了接触器 KM3 和 KM4 的通路，电动机 M2 只能停转，保证操作安全。

④ 进给电动机变速时的瞬动（冲动）控制：变速时，为使齿轮易于啮合，进给变速与主轴变速一样，设有变速冲动环节。当需要进行进给变速时，应将转速盘的蘑菇形手轮向外拉出并转动转速盘，把所需进给量的标尺数字对准箭头，然后把蘑菇形手轮用力向外拉到极限位置，并随即推向原位，在操纵手轮的同时，其连杆机构瞬时压下行程开关 SQ6，

使 KM3 瞬时吸合，M2 进行正向瞬动，其通路为 11－21－22－17－16－15－19－20－KM3 线圈－0，由于进给变速瞬时冲动的通电回路要经过 SQ1～SQ4 四个行程开关的常闭触点，因此只有当进给运动的操作手柄都在中间（停止）位置时，才能实现进给变速冲动控制，以保证操作时的安全。同时，与主轴变速冲动控制一样，电动机的通电时间不能太长，以防转速过高，在变速时打坏齿轮。

⑤ 工作台的快速进给控制：为提高劳动生产率，要求铣床在不进行铣切加工时，工作台能快速移动。工作台快速进给也由进给电动机 M2 来驱动，在纵向、横向和垂直三种运动形式、六个方向上都可以实现快速进给控制。

主轴电动机启动后，将进给操纵手柄扳到所需的位置，工作台按照选定的速度和方向进行常速进给移动，再按下快速进给按钮 SB5（或 SB6），使接触器 KM5 通电吸合，接通牵引电磁铁 YA，电磁铁通过杠杆使摩擦离合器合上，减少中间传动装置，使工作台按运动方向进行快速进给运动。当松开快速进给按钮时，电磁铁 YA 断电，摩擦离合器断开，快速进给运动停止，工作台仍按原常速进给时的速度继续运动。

（3）圆工作台运动的控制。铣床如需铣切螺旋槽、弧形槽等曲线，可在工作台上安装圆形工作台及其传动机械，圆形工作台的回转运动也是由进给电动机 M2 的传动机构驱动的。

圆工作台工作时，应先将进给操作手柄扳到中间（停止）位置，然后将圆工作台组合开关 SA3 扳到圆工作台的接通位置。此时 SA3-1 断，SA3-3 断，SA3-2 通。准备就绪后，按下主轴启动按钮 SB3 或 SB4，则接触器 KM1 与 KM3 相继吸合。主轴电动机 M1 与进给电动机 M2 相继启动并运转，而进给电动机仅以正转方向带动圆工作台进行定向回转运动，其通路为 11－15－16－17－22－21－19－20－KM3 线圈－0，由上可知，圆工作台与工作台进给有互锁关系，即当圆工作台工作时，不允许工作台在纵向、横向、垂直方向上有任何运动。若误操作而扳动进给运动操纵手柄（压下 SQ1～SQ4 或 SQ6 中的任意一个），则 M2 将停转。

五、电气线路的常见故障与维修

铣床电气控制线路与机械系统的配合十分密切，其电气线路的正常工作往往与机械系统的正常工作是分不开的，这就是铣床电气控制线路的特点。正确判断是电气故障还是机械故障，并熟悉机电部分的配合情况，是迅速排除电气故障的关键。这就要求维修电工不仅要熟悉电气控制线路的工作原理，还要熟悉有关机械系统的工作原理及机床操作方法。下面通过几个实例来叙述 X62W 铣床的常见故障及其排除方法。

1．常见故障一。

（1）故障现象：主轴电动机、进给电动机均不能启动，但照明系统、冷却泵电动机工作正常。

（2）故障原因。可能存在的故障原因：因照明系统与冷却泵电动机工作正常，可以排除主轴电动机与进给电动机的控制回路中的控制变压器供电电源有故障的可能性；进给电动机与主轴电动机是顺序启动关系，只要主轴电动机可以启动，就具备了启动工作台的条件；检查主轴变速冲动功能时，发现主轴没有变速冲动功能，常见故障一的故障范围（虚线路径）如图 3-11 所示。

（3）故障位置的确定：用电阻测量法依次对图 3-11 中的路径进行故障排查。

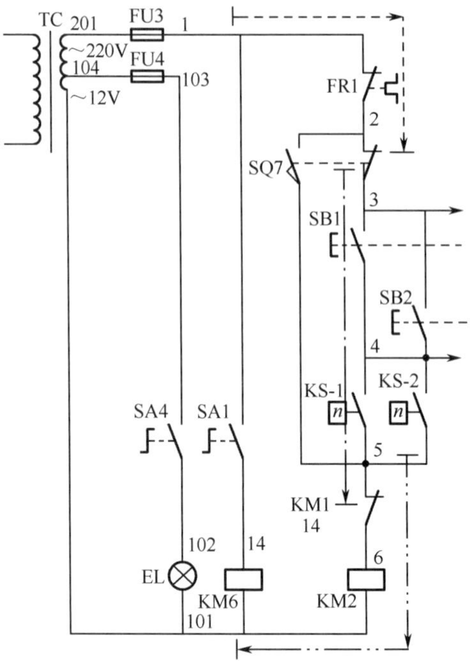

图 3-11　常见故障一的故障范围

2．常见故障二。

（1）故障现象：主轴电动机和冷却泵电动机能正常工作，且照明系统正常，但进给电动机不能进行任何进给和变速冲动。

（2）故障原因：可能存在的故障原因如下所示。

① 进给电动机主电路的故障，即故障出现于 FU2-KM3 线路或 KM4-FR2-进给电动机 M2 线路。

② 进给电动机控制线路总线上的故障，即图 3-12 中的虚线路径所示。

（3）故障位置的确定：操作工作台各进给手柄、圆工作台开关、变速冲动开关，未发现接触器 KM3 或 KM4 工作，则故障在控制回路里，其故障范围如图 3-12 中的虚线路径所示。

3．常见故障三。

（1）故障现象：圆工作台和工作台的左、右两个方向不能进给，其他工作均正常。

（2）故障原因。可能存在的故障原因：由 X62W 铣床的工作原理可知，工作台左右进给电气通路为图 3-13 中的①号点画线路径。而已知工作台电动机的变速冲动开关工作正常，其电气通路为图 3-13 中的②号双点画线路径，又知工作台的前后进给正常，所以六个方位进给的公共电气通路的必经之地 SA3-1 处的电气连接一定正常，所以故障范围可以缩小为图 3-13 中的③号虚线路径。

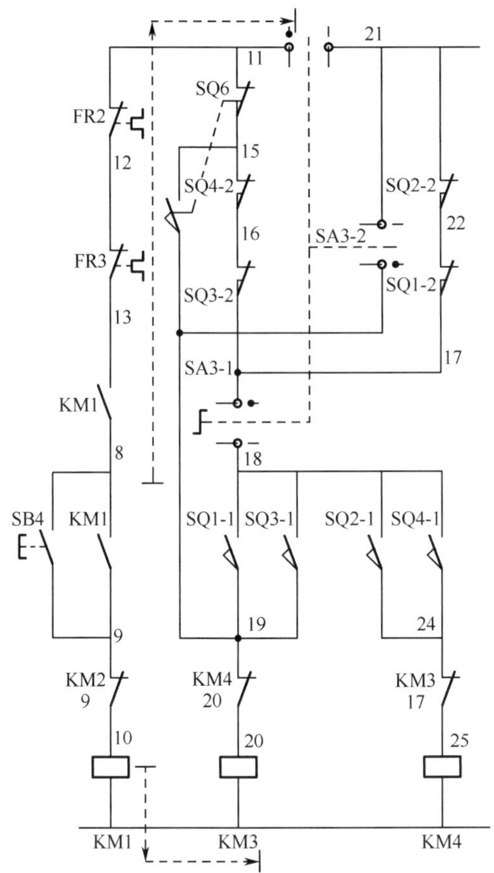

图 3-12　常见故障二的故障范围

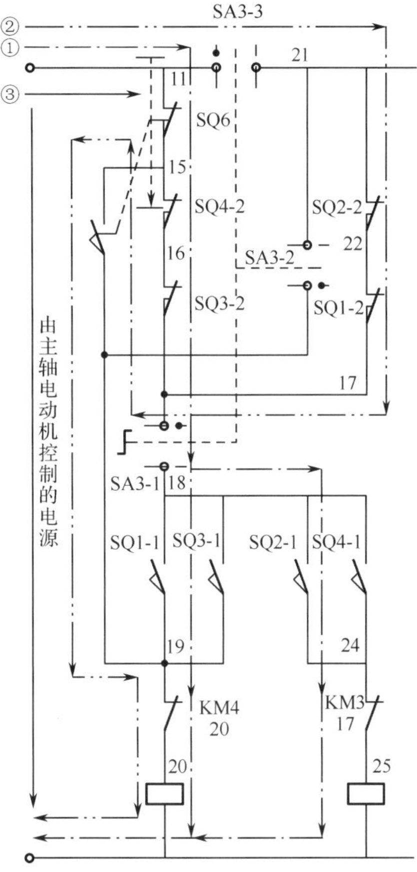

图 3-13　常见故障三的故障范围

（3）故障位置的确定：对故障范围所经的电气线路用电阻测量法逐一测量，若某两点之间的电阻值为 R=∞，说明此处有开路或模拟接触不良的故障。

在用电阻测量法进行故障检测判断时，必须将圆工作台的选择开关 SA3 转到圆工作台的位置，或将位置开关 SQ1、SQ2、SQ3、SQ4、SQ6 中的任意一个压合，以防构成其他电气通路，造成判断错误。

4．常见故障四。

（1）故障现象：工作台变速冲动及圆工作台不能工作，其他工作均正常。

（2）故障原因。可能存在的故障原因：根据故障现象显而易见，故障在圆工作台与进给变速冲动控制线路的公共电路部分。

（3）故障位置的确定。可用万用表的电阻挡测量下列各处的通断接触情况：

工作台变速冲动开关SQ6的常开触点或圆工作台开关SA3-2上的19号接线桩 ⟶ 经19号线 ⟶ 接触器KM4常闭触点的19号线接线桩

任务二　T68 卧式镗床电气控制线路及其检修

任务目标

1．掌握 T68 卧式镗床的电气调试与检修方法。

2．能熟练操作 HK-T68 卧式镗床，能根据机床的故障现象快速分析出故障范围，并熟练排除故障。

3．培养观察能力，提高故障分析能力及排除能力，提高电气维修人员的综合检修能力。

4．提高自我学习、信息处理、数字应用等方法能力，以及与人交流、与人合作、解决问题等社会能力，自查 6S 执行力。

任务描述

在 HK-T68 卧式镗床上进行故障排除训练。

排故要求如下。

1．必须穿戴好劳保用品并进行安全文明操作。

2．能对 HK-T68 卧式镗床进行全功能操作。

3．能依据电路原理图快速查找到模拟机床上的对应器件及导线。

4．在 HK-T68 卧式镗床上逐一设置故障，并用电阻测量法逐一排除故障。记录各故障现象、故障部位及分析方法。待排故熟练后，可同时设置 2～3 个故障，逐一排除。

5. 检测故障前及排除故障后的通电试车要严格遵循用电安全操作规程，并设置合格的监护人。

6．排故工时：每个故障限时 10min。

任务实施

1．训练器材。

HK-T68 卧式镗床、常用电工工具、万用表。

2．训练步骤。

具体的实训步骤及要求参考六步故障排除法。

（1）六步故障排除法的训练。

① 记录故障现象：

② 写出故障原因：

a．

b．

c．

③ 列写最小的故障范围：

④ 列写确定的故障部位：

⑤ 是否确认故障已经修复？

⑥ 故障修复后再试车：

a．故障修复后做了哪些事？

b．是否做好了再次试车的全部检查？

c．试车的所有功能是否正常？

（4）试车成功后，待实训指导教师对该任务的训练情况进行评价，并口试回答实训指导教师提出的问题后，方可进行设备的断电和短接线的拆除。

（5）按照正确的断电顺序进行断电操作，并拆除排除故障用的短接线，恢复设备故障箱内指定的故障开关，清理 HK-T68 模拟卧式镗床的工作台面，自查实训工位及周边的 6S 执行情况。

任务评价

同表 3-6 职业技能评分表。

知识链接

一、T68 卧式镗床型号的含义

T68 卧式镗床型号的含义如图 3-14 所示。

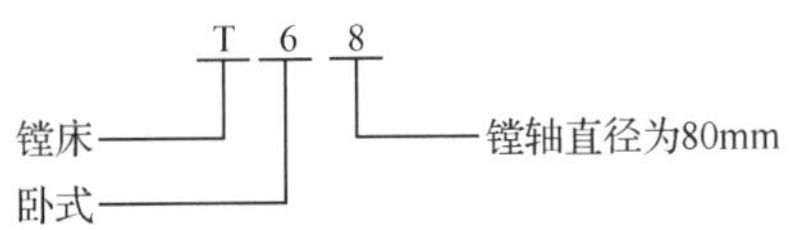

图 3-14　T68 卧式镗床型号的含义

二、机床结构及运动形式

1．机床的主要结构。

机床主要由床身、前立柱、主轴箱（也称镗头架）、工作台、后立柱等组成，T68 卧式镗床结构示意图如图 3-15 所示。

HK-T68 卧式镗床电气技能实训考核装置的设备外形图如图 3-16 所示。

床身是一个整体的铸件，在它的一端固定有前立柱，在前立柱的垂直导轨上装有镗头架，镗头架可沿导轨上下移动。主轴箱内集中装有主轴、变速箱、进给箱与操纵机构等部件。切削刀具固定在镗轴前端的锥形孔里，或装在花盘上的刀具溜板上。在工作过程中，镗轴一面旋转，一面沿轴向进行进给运动。而花盘只能旋转，装在其上的刀具溜板则可进行垂直于主轴轴线方向的径向进给运动。镗轴和花盘主轴通过单独的传动链传动，因此它们可以独立转动。后立柱的尾架用来支持装夹在镗轴上的镗杆末端，它与主轴箱同时升降，保证两者的轴心始终在同一条直线上，后立柱可沿着床身导轨在镗轴的轴线方向调整位置。

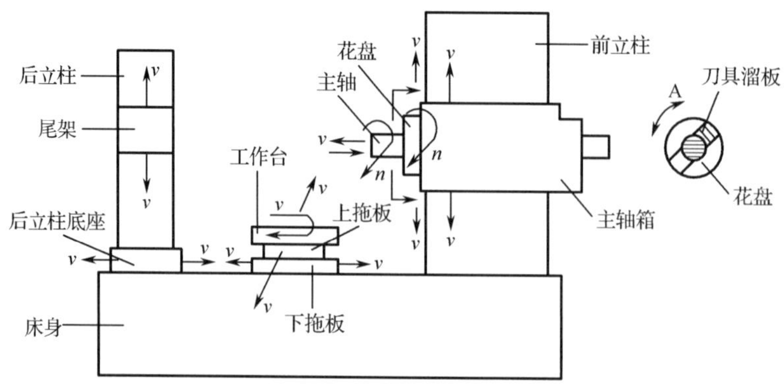

图 3-15　T68 卧式镗床结构示意图

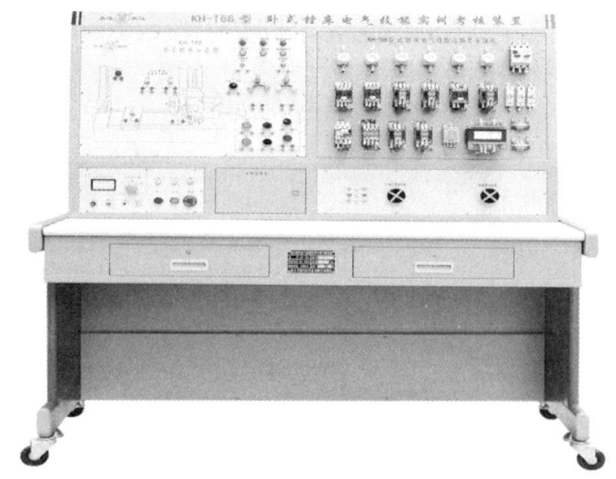

图 3-16　KH-T68 卧式镗床电气技能实训考核装置的设备外形图

安装工件用的工作台安置在床身的导轨上，它由下溜板、上溜板和可转动的工作台组成。工作台可平行于（纵向）与垂直于（横向）镗轴轴线方向移动。

2．运动形式。

（1）主运动：镗杆（主轴）旋转或平旋盘（花盘）旋转。

（2）进给运动：主轴轴向（进、出）移动、主轴箱（镗头架）的垂直（上、下）移动、花盘/刀具溜板的径向移动、工作台的纵向（前、后）和横向（左、右）移动。

（3）辅助运动：工作台的旋转运动、后立柱的水平移动和尾架的垂直移动。

主运动和各种常速进给运动由主轴电动机 M1 驱动，但各部分的快速进给运动是由快速进给电动机 M2 驱动的。

三、电力拖动的特点及控制要求

1. 因机床主轴的调速范围较大，且功率恒定，主轴电动机 M1 采用 Δ/YY 双速电动机。低速时，1U1、1V1、1W1 接三相交流电源，1U2、1V2、1W2 悬空，定子绕组接成三角形

（△），每相绕组中有两个线圈串联，形成的磁极对数 P=2；高速时，1U1、1V1、1W1 短接，1U2、1V2、1W2 端接电源，电动机定子绕组联结成双星形（YY），每相绕组中的两个线圈并联，磁极对数 P=1。高低速的变换由主轴孔盘变速机构内的行程开关 SQ7 控制，主轴电动机高低速变换时行程开关的动作说明如表 3-7 所示。

表 3-7　主轴电动机高低速变换时行程开关的动作说明

触　　点	位　　置	
	主轴电动机低速	主轴电动机高速
SQ7（11-12）	关	开

2．主轴电动机 M1 可正反转连续运行，也可点动控制，点动时为低速。要求主轴电动机快速准确制动，故采用反接制动，控制电器采用速度继电器。为限制主轴电动机的启动和制动电流，在点动和制动时，定子绕组串入电阻 R。

3．主轴电动机低速直接启动，延时后再自动转成高速运行，以减小启动电流。

4．在主轴变速或进给变速时，主轴电动机需要缓慢转动，以保证变速齿轮进入良好的啮合状态。主轴变速和进给变速均可在运行中进行，变速操作时，主轴电动机进行低速断续冲动，变速完成后又恢复运行。主轴变速时，电动机的缓慢转动是由行程开关 SQ3 和 SQ5 控制的，进给变速时，电动机是由行程开关 SQ4 和 SQ6 及速度继电器 KS 共同控制的，如表 3-8 所示。

表 3-8　主轴变速和进给变速时行程开关的动作说明

触　　点	位　　置		触点	位　　置	
	变速孔盘拉出（变速时）	变速孔盘推回（变速后）		变速孔盘拉出（变速时）	变速孔盘推回（变速后）
SQ3（4-9）	−	+	SQ4（9-10）	−	+
SQ3（3-13）	+	−	SQ4（3-13）	+	−
SQ5（15-14）	+	−	SQ6（15-14）	+	−

注：表中“+”表示接通；“−”表示断开。

四、电气控制线路的原理分析

T68 卧式镗床的电气原理图如图 3-17 所示。

1．主轴电动机的启动控制。

1）主轴电动机的点动控制。

主轴电动机的点动分为正向点动和反向点动，分别由按钮 SB4 和 SB5 控制。按 SB4 按钮，接触器 KM1 的线圈通电吸合，KM1 的辅助常开触点（3-13）闭合，使接触器 KM4 的线圈通电吸合，三相电源经 KM1 的主触点、电阻 R 和 KM4 的主触点接通主轴电动机 M1 的定子绕组，接法为三角形（△），使电动机在低速下正向旋转。松开 SB4，主轴电动机断电停止运动。

反向点动控制与正向点动控制的过程相似，由按钮 SB5，以及接触器 KM2、KM4 实现。

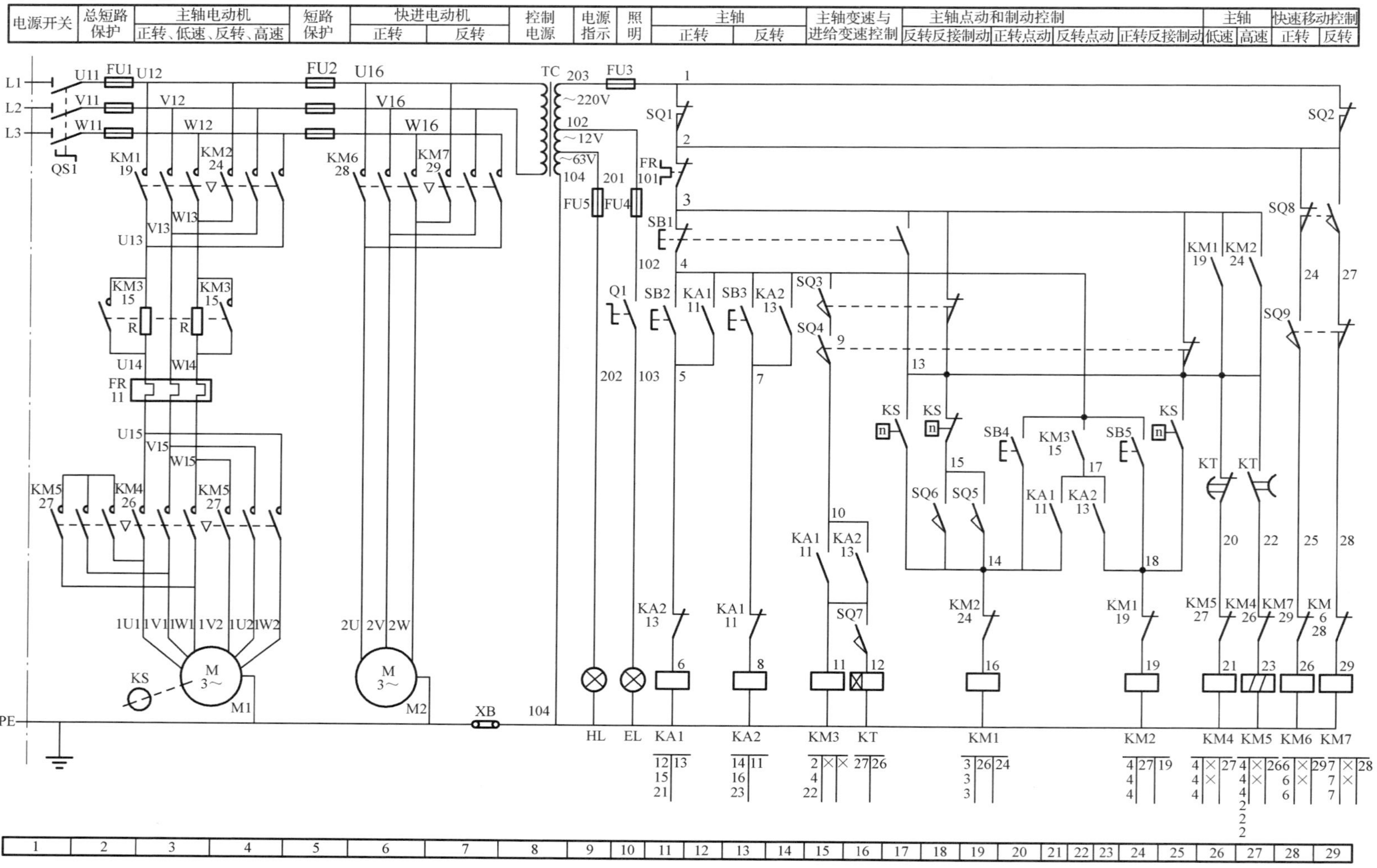

图3-17 T68卧式镗床的电气原理图

2）主轴电动机的正反转控制。

当要求主轴电动机正向低速旋转时，行程开关 SQ7 的触点（11-12）处于断开位置，主轴变速和进给变速行程开关 SQ3（4-9）、SQ4（9-10）均为闭合状态。按 SB2，中间继电器 KA1 的线圈通电吸合，它有三对常开触点，KA1 常开触点（4-5）闭合自锁；KA1 常开触点（10-11）闭合，接触器 KM3 的线圈通电吸合，KM3 主触点闭合，电阻 R 短接；KA1 常开触点（17-14）闭合，KM3 的辅助常开触点（4-17）闭合，使接触器 KM1 的线圈通电吸合，并将 KM1 线圈自锁。KM1 的辅助常开触点（3-13）闭合，接通主轴电动机低速用接触器 KM4 的线圈，使其通电吸合。由于接触器 KM1、KM3、KM4 的主触点均闭合，故主轴电动机在全电压、定子绕组三角形联结下直接启动，低速运行。

当要求主轴电动机高速旋转时，行程开关的触点 SQ7（11-12）、SQ3（4-9）、SQ4（9-10）均处于闭合状态。按 SB2 后，一方面 KA1、KM3、KM1、KM4 的线圈相继通电吸合，使主轴电动机在低速下直接启动，另一方面由于 SQ7（11-12）闭合，使时间继电器 KT（通电延时式）的线圈通电吸合，经延时后，KT 的通电延时常闭触点（13-20）断开，KM4 线圈断电，主轴电动机的定子绕组脱离三相电源，而 KT 的通电延时常开触点（13-22）闭合，使接触器 KM5 的线圈通电吸合，KM5 的主触点闭合，将主轴电动机的定子绕组接成双星形（YY）后，重新接到三相电源上，故从低速启动转为高速旋转。主轴电动机的反向低速或高速的启动旋转过程与正向启动旋转过程相似，但是反向启动旋转所用的电器为按钮 SB3，中间继电器 KA2，接触器 KM3、KM2、KM4、KM5，时间继电器 KT。

2．主轴电动机的反接制动控制。

当主轴电动机正转时，速度继电器 KS 正转，常开触点 KS（13-18）闭合，而正转的常闭触点 KS（13-15）断开。主轴电动机反转时，KS 反转，常开触点 KS（13-14）闭合，为主轴电动机正转或反转停止时的反接制动做准备。按停止按钮 SB1 后，主轴电动机的电源反接，迅速制动，当转速降至速度继电器的复位转速时，其常开触点断开，自动切断三相电源，主轴电动机停转。具体的反接制动过程如下所述。

1）主轴电动机正转时的反接制动。

设主轴电动机为低速正转时，KA1、KM1、KM3、KM4 的线圈通电吸合，KS 的常开触点 KS（13-18）闭合。按按钮 SB1，则按钮 SB1 的常闭触点（3-4）先断开，使 KA1、KM3 的线圈断电，KA1 的常开触点（17-14）断开，又使 KM1 线圈断电，一方面使 KM1 的主触点断开，主轴电动机脱离三相电源，另一方面使 KM1（3-13）分断，使 KM4 断电，SB1 的常开触点（3-13）随后闭合，使 KM4 重新吸合，此时由于惯性的原因，主轴电动机的转速还很高，KS（13-18）仍闭合，故使 KM2 线圈通电吸合并自锁，KM2 的主触点闭合，使三相电源反接后经电阻 R、KM4 的主触点接到主轴电动机的定子绕组上，进行反接制动。当转速接近零时，KS 正转，常开触点 KS（13-18）断开，KM2 线圈断电，反接制动完毕。

2）主轴电动机反转时的反接制动。

反转时的制动过程与正转时的制动过程相似，但是所用的是 KM1、KM4、KS 的反转常开触点 KS（13-14）。

3）主轴电动机工作在高速正转及高速反转时的反接制动过程可参考上述情况自行分析。不同的是：高速正转时反接制动所用的是 KM2、KM4、KS（13-18）触点；高速反转时反接制动所用的是 KM1、KM4、KS（13-14）触点。

3．主轴变速或进给变速时主轴电动机的缓慢转动控制（变速冲动）。

主轴变速或进给变速既可以在停车时进行，又可以在镗床运行过程中变速。为使变速齿轮更好地啮合，可接通主轴电动机的缓慢转动（冲动）控制电路。

当主轴变速时，将变速孔盘拉出，行程开关 SQ3 的常开触点 SQ3（4-9）断开，接触器 KM3 的线圈断电，主电路中接入电阻 R，KM3 的辅助常开触点（4-17）断开，使 KM1 或 KM2 的线圈断电，且通过速度继电器 KS 触点（13-18）或（13-14）接通接触器 KM2 或 KM1 的线圈，使主轴电动机接通反相电源，其转速迅速下降，当转速低于 100r/min 时，速度继电器 KS 的触点复位，接触器 KM2 或 KM1 断电，使主轴电动机断电停转，实现反接制动。所以，该机床可以在运行过程中变速，主轴电动机能自动停止。旋转变速孔盘，选好所需的转速后，将孔盘推入。在此过程中，若滑移齿轮的齿和固定齿轮的齿发生顶撞，则孔盘不能推回原位，行程开关 SQ3、SQ5 的常闭触点 SQ3（3-13）、SQ5（15-14）闭合，接触器 KM1、KM4 的线圈通电吸合，主轴电动机经电阻 R 在低速下正向启动，接通瞬时点动电路。当主轴电动机的转速达到一定的数值时，速度继电器 KS 正转，常闭触点 KS（13-15）断开，接触器 KM1 的线圈断电，而 KS 正转常开触点 KS（13-18）闭合，使 KM2 的线圈通电吸合，主轴电动机反接制动。当转速降到 KS 的复位转速后，则 KS 常闭触点 KS（13-15）闭合，常开触点 KS（13-18）又断开，重复上述过程。这种间歇的启动、制动可使主轴电动机缓慢旋转，即冲动，以利于齿轮的啮合。若孔盘退回原位，则 SQ3、SQ5 的常闭触点 SQ3（3-13）、SQ5（15-14）断开，切断缓慢转动电路。SQ3 的常开触点 SQ3（4-9）闭合，使 KM3 的线圈通电吸合，其常开触点（4-17）闭合，又使 KM1 的线圈通电吸合，主轴电动机在新的转速下重新启动。

进给变速时的缓慢转动控制过程与主轴变速相同，不同之处在于使用的电器是行程开关 SQ4、SQ6。

4．主轴箱、工作台或主轴的快速移动。

该机床各部件的快速移动由快速手柄操纵快速移动电动机 M2 完成。当快速手柄扳向正向快速位置时，行程开关 SQ9 被压动，接触器 KM6 的线圈通电吸合，快速移动电动机 M2 正转。同理，当快速手柄扳向反向快速位置时，行程开关 SQ8 被压动，KM7 的线圈通电吸合，M2 反转。

5．主轴进刀与工作台联锁。

为防止镗床或刀具损坏，主轴箱和工作台的自动进给在控制电路中必须相互联锁，不能同时接通，它由行程开关 SQ1、SQ2 实现。若同时有两种进给，SQ1、SQ2 均被压动，则会切断控制电路的电源，避免损坏机床或刀具。

五、T68 卧式镗床电气线路的故障与维修

这里仅选一些有代表性的故障进行分析。

1．常见故障一。

（1）故障现象：主轴的转速与转速指示牌不符。

（2）故障原因：可能存在的故障原因如下。

这种故障一般有两种现象：一种是主轴的实际转速比标牌指示数增加一倍或减少 50%；另一种是电动机的转速没有高速挡或没有低速挡。

对于这两种故障现象，前者大多由于安装调整不当引起，因为T68镗床有18种转速，是采用双速电动机和机械滑移齿轮来实现的。变速后，1、2、4、6、8……挡是电动机以低速运转驱动，而3、5、7、9……挡是电动机以高速运转驱动。主轴电动机的高低速转换是靠微动开关SQ7的通断实现的，微动开关SQ7安装在主轴调速手柄的旁边，主轴调速机构转动时推动一个撞钉，撞钉推动弹簧片使微动开关SQ7接通或断开，如果安装调整不当，使SQ7的动作恰恰相反，则会发生主轴电动机的实际转速比标牌指示数增加一倍或减少50%。后者的故障原因较多，常见的有时间继电器KT不动作，微动开关SQ7的位置移动，造成SQ7始终处于接通或断开的状态等。如果KT不动作或SQ7始终处于断开状态，则主轴电动机M1只低速运转；若SQ7始终处于接通状态，则M1只高速运转。但要注意，如果KT虽然吸合，但由于机械卡住或触点损坏，使常开触点不能闭合，则M1也不能转换到高速挡运转，而只能在低速挡运转。

2．常见故障二。

（1）故障现象：主轴变速手柄拉出后，主轴电动机不能冲动。

（2）故障原因：产生这一故障现象一般有两种原因。

一种是主轴变速手柄拉出后，主轴电动机M1仍以原来的转向和转速运转；另一种是主轴变速手柄拉出后，M1能反接制动，但制动到转速为零时，不能进行低速冲动。产生这两种故障现象的原因为：前者多数是由行程开关SQ3的常开触点SQ3（4-9）的质量等造成的，绝缘层被击穿。而后者则是由行程开关SQ3和SQ5的位置移动或触点接触不良，触点SQ3（3-13）、SQ5（14-15）不能闭合或速度继电器的常闭触点KS（13-15）不能闭合造成的。

3．常见故障三。

（1）故障现象：主轴电动机不能正转启动（按下SB2无任何响应），其他功能正常。

（2）故障原因：可能存在的故障原因如下所示。

中间继电器KA1的线圈所在的支路不能正常工作。因为电源指示、照明系统、主轴电动机等的反转均正常，所以可以排除控制回路没有电源的可能性，判断故障范围最有效的信息是主轴电动机可以正常运转，由此可以确定最小的故障范围为图3-18中的虚线路径。

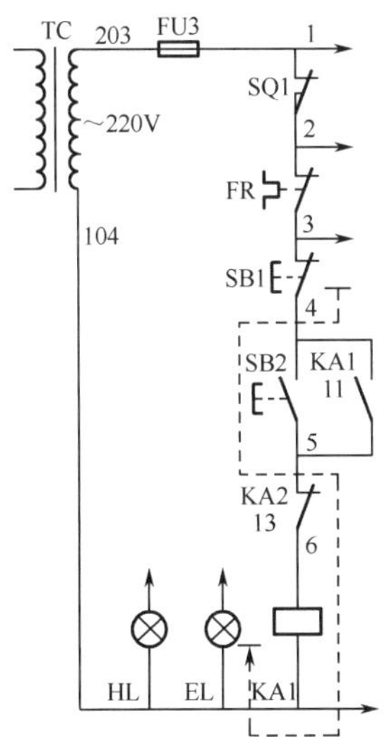

图3-18　常见故障三的故障范围

4．常见故障四。

（1）故障现象：快进电动机能正常工作，中间继电器 KA1、KA2 能得电吸合，但主轴电动机正反转均不能启动，且接触器 KM3 不能得电吸合。

（2）故障原因：因为中间继电器 KA1、KA2 能得电吸合，说明 220V 的电压能够正常通到图 3-19 中的 A 节点与 B 节点间。主轴电动机要实现正反转，必须要接触器 KM1 或 KM2 得电，而接触器 KM1 或 KM2 得电又必须在接触器 KM3 得电吸合后才能实现，而接触器 KM3 不能得电，因此首先要排除 KM3 不能得电吸合的故障。图 3-19 中的虚线路径就是故障范围。

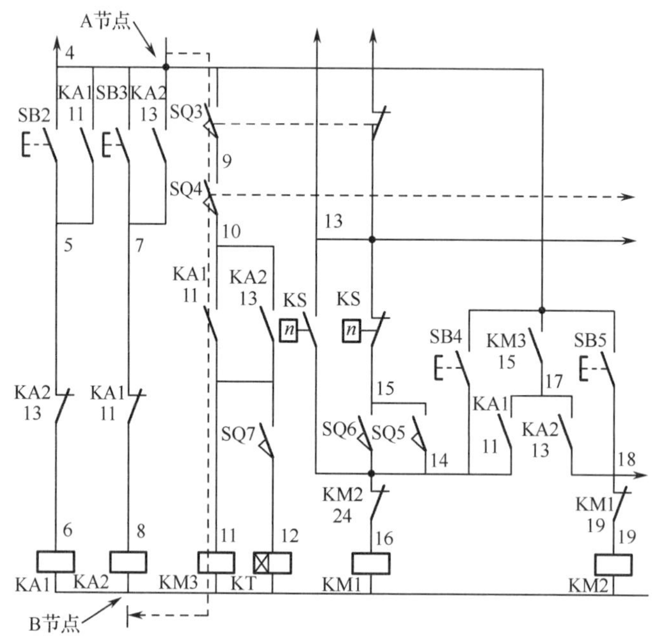

图 3-19　常见故障四的故障范围

5．常见故障五。

（1）故障现象：进行主轴电动机的反转操作时，只有 KA2 得电吸合，主轴电动机只能点动运转，不能连续运转；主轴电动机正转启动时各功能正常。

（2）故障原因：因为主轴电动机能够正常低速正转启动（按 SB2）并连续运转，而且依次按照：KA1 得电工作→KM3 得电工作→KM1 得电工作→KM4 得电工作的顺序启动双速电动机，而进行反转操作时（按 SB3），只有 KA2 得电吸合，没有后续的 KM3、KM2、KM4 的工作状态，只有反转点动操作时（按 SB5），KM2 与 KM4 才相继工作，并串联电阻 R 进行低速点动运转，说明问题的关键是 KM3 不能得电，而依照 KM3 电路的特点，不难发现故障范围出在 16 区的中间继电器常开触点 KA2 的并联支路里。

6．常见故障六。

（1）故障现象：主轴电动机不能高速运行，时间继电器 KT 的线圈不能得电吸合，完成双速电动机双星形（YY）联结的接触器 KM5 不能得电吸合，其他工作均正常。

（2）故障原因：因为主轴电动机低速运转可以正常工作，而高速运行时，必须在时间继电器 KT 的线圈得电并经延时后驱动 KM5 工作才能实现，因此问题的关键是如何使时间继电器 KT 得电。因此故障范围应为 16 区与 KM3 线圈并联的时间继电器 KT 的支路。

7. 常见故障七。

（1）故障现象：主轴电动机、快进电动机不能启动，正转启动操作时，KA1 与 KM3 吸合，反转启动操作时，KA2 与 KM3 吸合，其他元器件均无动作。

（2）故障原因：由故障现象可知，220V 的电源已经接到 SQ3 的 4 号接线柱与 KM3 线圈的 104 号接线柱，主轴电动机工作还缺少 KM1、KM4 或 KM2、KM4 的线圈得电的条件，快进电动机运转的条件是 KM6 或 KM7 得电，而这些线圈共同受 104 号公共电源线的制约，因此，故障范围应该为从 KM3 的 104 号接线桩至右到其中任何一个接触器或时间继电器的 104 号接线桩上，如图 3-20 中的虚线路径所示。

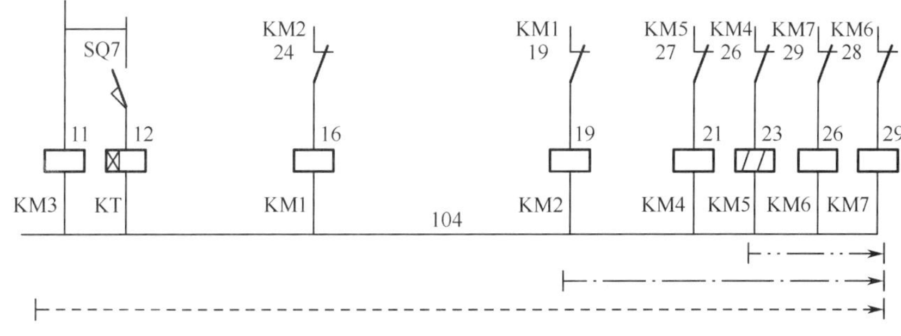

图 3-20　常见故障七的故障范围

8. 常见故障八。

（1）故障现象：主轴电动机在变速控制时无变速冲动，其他工作均正常。

（2）故障原因：主轴电动机在工作过程中，欲要变速，不必按停止按钮，则可以直接进行变速。其中，主轴镗轴的旋转变速冲动由 SQ3 与 SQ6 实现，镗轴的轴向进给变速冲动由 SQ4 与 SQ5 实现。在操作变速手柄 SQ3、SQ6 或 SQ4、SQ5 时，均无变速冲动，而进行停车时，又有正反转运行时的反接制动，说明速度继电器 KS 的两副常开触点所控制的接触器 KM1 与 KM2 的电气通路均无故障，所以故障范围应该在速度继电器 KS 的常闭触点对应的支路里。

任务三　HK-20/5T 桥式起重机电气控制线路及其检修

任务目标

1．掌握 HK-20/5T 桥式起重机的电气调试与检修方法。

2．能熟练操作 HK-20/5T 桥式起重机，能根据机床的故障现象快速分析出故障范围，并熟练排除故障。

3．培养观察能力，提高故障分析能力及排除能力，提高电气维修人员的综合检修能力。

4．提高自我学习、信息处理、数字应用等方法能力，以及与人交流、与人合作、解决问题等社会能力，自查 6S 执行力。

任务描述

在 HK-20/5T 桥式起重机上进行故障排除训练，排故要求如下。

（1）必须穿戴好劳保用品并进行安全文明操作。

（2）能对 HK-20/5T 桥式起重机进行全功能操作。

（3）能依据电路原理图快速查找到模拟机床上的对应器件及导线。

（4）在 HK-20/5T 桥式起重机上逐一设置故障，并用电阻测量法逐一排除故障。记录各故障现象、故障部位及分析方法。待排故熟练后，可同时设置 2 到 3 个故障，逐一排除。

（5）检测故障前及排除故障后的通电试车要严格遵循用电安全操作规程，并设置合格的监护人。

（6）排故工时：每个故障限时 10min。

任务实施

1．训练器材。

HK-20/5T 桥式起重机、常用电工工具、万用表。

2．训练步骤。

具体的实训步骤及要求参考六步故障排除法。

（1）六步故障排除法的训练。

① 记录故障现象如下：

② 写出故障原因：

a．

b．

c．

③ 列写最小的故障范围：

④ 列写确定的故障部位：

⑤ 是否确认故障已经修复？

⑥ 故障修复后再试车：

a．故障修复后做了哪些事？

b．是否做好了再次试车的全部检查？

c．试车的所有功能是否正常？

（6）试车成功后，待实训指导教师对该任务的训练情况进行评价，并口试回答实训指导教师提出的问题后，方可进行设备的断电和短接线的拆除。

（7）按照正确的断电顺序进行断电操作，并拆除排除故障用的短接线，恢复设备故障箱内指定的故障开关，清理 HK-20/5T 模拟桥式起重机的工作台面，自查实训工位及周边的 6S 执行情况。

任务评价

同表 3-6 职业技能评分表。

知识链接

一、20/5T 桥式起重机型号的意义

桥式起重机一般统称为行车或天车，常见的桥式起重机有 5T、10T 单钩，以及 15/3T、20/5T 双钩等种类。20/5T 表示主钩可起重 20 吨重物，副钩可起重 5 吨重物。

二、主要结构及其运动形式

桥式起重机的结构示意图如图 3-21 所示，主要由大车、小车、主钩和副钩组成。

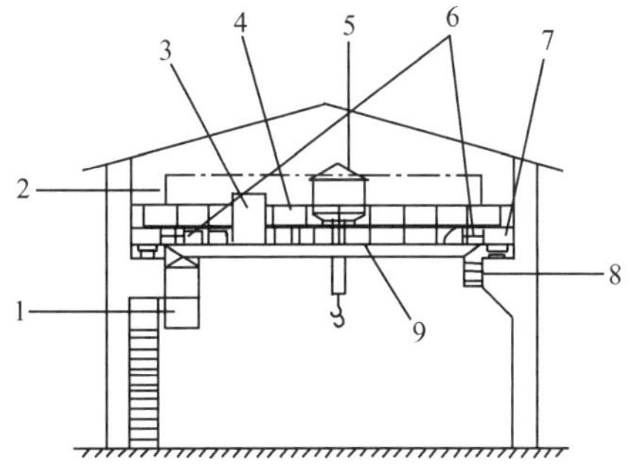

1—驾驶舱　2—辅助滑触线架　3—交流磁力控制屏　4—电阻箱　5—小车

6—大车电动机　7—端梁　8—主滑触线　9—大车　10—主钩　11—副钩

图 3-21　桥式起重机的结构示意图

HK-20/5T 桥式起重机电气技能实训考核装置的设备外形图如图 3-22 所示。

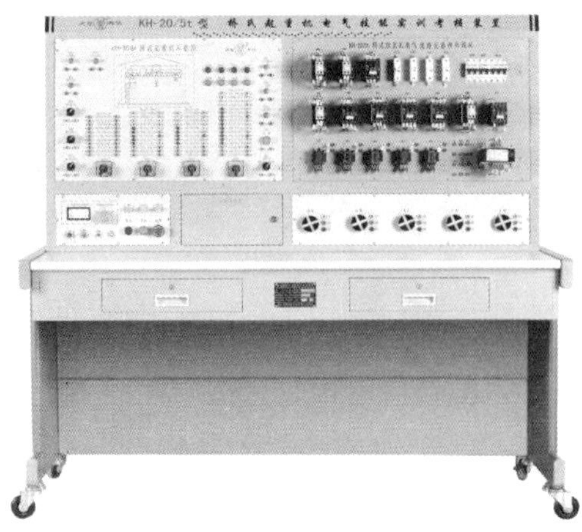

图 3-22　HK-20/5T 桥式起重机电气技能实训考核装置的设备外形图

大车的轨道敷设在车间两侧的立柱上，主梁横跨架在车间上空，大车可沿轨道移动，在大车的驱动下，整个起重机可在车间内进行纵向移动，主梁上有小车的移动导轨，小车可沿导轨进行横向移动，主钩、副钩都装在小车上，主钩用来提升重物，副钩用来提升较轻的货物，也可用来协同主钩完成吊运任务。

三、电力拖动的特点及控制要求

1．由于桥式起重机经常在重载下进行频繁启动、制动、反转、变速等操作，因此要求电动机有较高的机械强度和较大的过载能力，同时要求电动机有较大的启动转矩和较小的启动电流，因此使用绕线转子异步电动机。

2．要有合理的升降速度，轻载或空载时速度要快，以提高效率，重载时速度要慢。

3．要有适当的低速区，在 30%的额定转速内应分为几挡，以便在提升或下降到预定位置附近时灵活操作。

4．提升第一级为预备级，用以消除传动间隙和预紧钢丝绳，以避免过大的机械冲击。

5．当下放货物时，可根据负载的大小情况选择电动机的运行状态。

6．有完备的保护环节，如零位短路保护、过载保护、限位保护，以及可靠的制动方式。

四、电气控制线路分析

1．HK-20/5T 桥式起重机的电气原理图如图 3-23 所示。

2．安全保护。

桥式起重机除了使用熔断器作为短路保护，使用过电流继电器作为过载、过流保护，还有各种用来保障维修人员安全的安全保护，如驾驶室门上的舱门安全开关 SQ1，横梁两侧栏杆门上的安全开关 SQ2、SQ3，并设有一个紧急情况开关 SA1，如图 3-24 所示，SQ1、SQ2、SQ3 和 SA1 常开触点串联在接触器 KM 的电路中，只要有一个门没关好，对应的开关触点就不会闭合，KM 就无法吸合；若紧急开关 SA1 没合上，KM 也无法吸合，从而起到安全保护的作用。

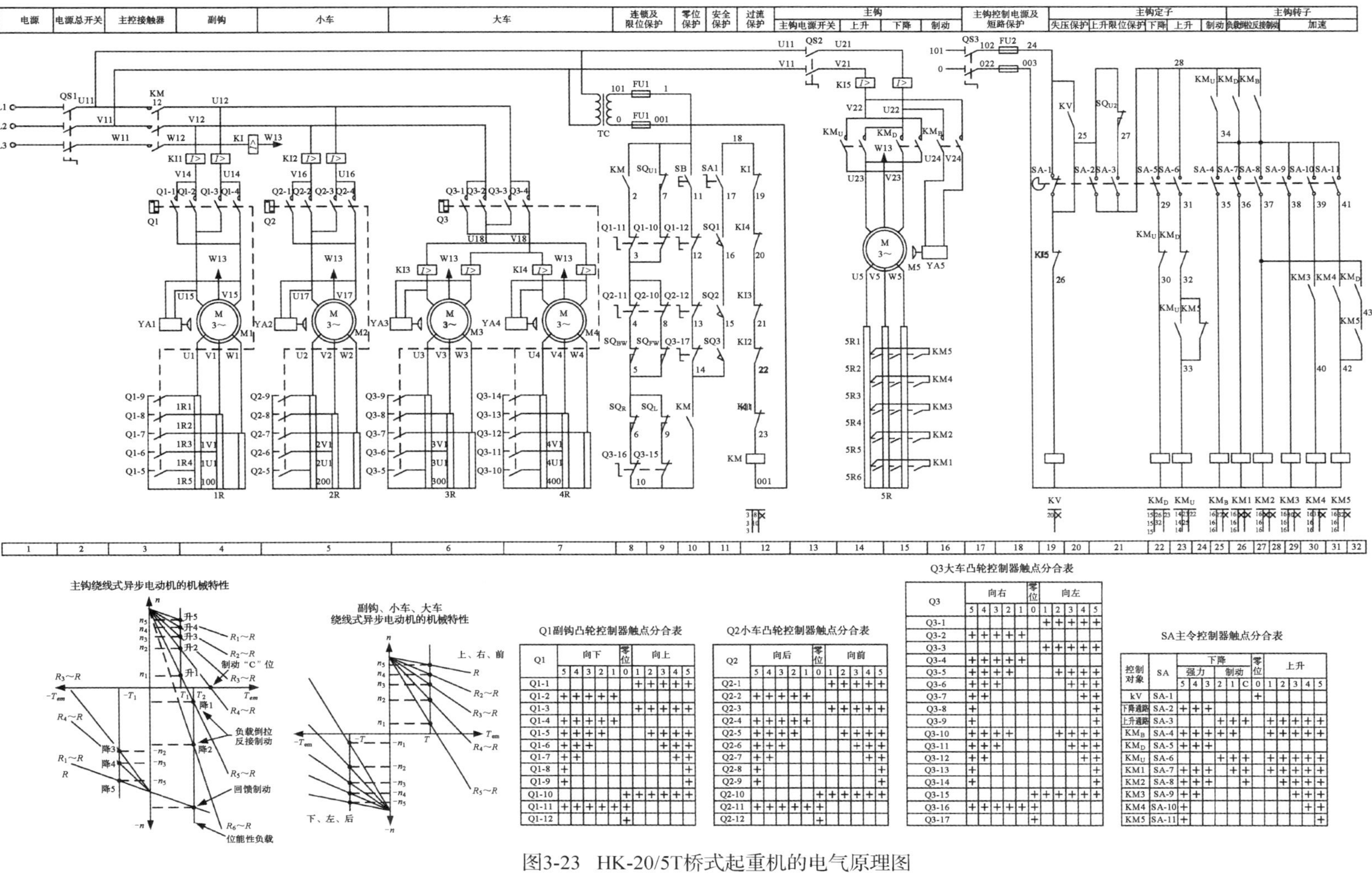

Q1副钩凸轮控制器触点分合表

Q1	向下					零位	向上				
	5	4	3	2	1	0	1	2	3	4	5
Q1-1							+	+	+	+	+
Q1-2	+	+	+	+	+						
Q1-3							+	+	+	+	+
Q1-4	+	+	+	+	+						
Q1-5	+	+	+	+				+	+	+	+
Q1-6	+	+	+						+	+	+
Q1-7	+	+								+	+
Q1-8	+										+
Q1-9	+										+
Q1-10						+	+	+	+	+	+
Q1-11	+	+	+	+	+	+					
Q1-12						+					

Q2小车凸轮控制器触点分合表

Q2	向后					零位	向前				
	5	4	3	2	1	0	1	2	3	4	5
Q2-1							+	+	+	+	+
Q2-2	+	+	+	+	+						
Q2-3							+	+	+	+	+
Q2-4	+	+	+	+	+						
Q2-5	+	+	+	+				+	+	+	+
Q2-6	+	+	+						+	+	+
Q2-7	+	+								+	+
Q2-8	+										+
Q2-9	+										+
Q2-10						+	+	+	+	+	+
Q2-11	+	+	+	+	+	+					
Q2-12						+					

Q3大车凸轮控制器触点分合表

Q3	向右					零位	向左				
	5	4	3	2	1	0	1	2	3	4	5
Q3-1							+	+	+	+	+
Q3-2	+	+	+	+	+						
Q3-3							+	+	+	+	+
Q3-4	+	+	+	+	+						
Q3-5	+	+	+	+				+	+	+	+
Q3-6	+	+	+						+	+	+
Q3-7	+	+								+	+
Q3-8	+										+
Q3-9	+										+
Q3-10	+	+	+	+				+	+	+	+
Q3-11	+	+	+						+	+	+
Q3-12	+	+								+	+
Q3-13	+										+
Q3-14	+										+
Q3-15						+	+	+	+	+	+
Q3-16	+	+	+	+	+	+					
Q3-17						+					

SA主令控制器触点分合表

控制对象	SA	下降						零位	上升				
		强力			制动								
		5	4	3	2	1	C	0	1	2	3	4	5
kV	SA-1							+					
下降通路	SA-2	+	+	+									
上升通路	SA-3				+	+	+		+	+	+	+	+
KM_B	SA-4	+	+	+	+	+			+	+	+	+	+
KM_D	SA-5	+	+	+									
KM_U	SA-6				+	+	+		+	+	+	+	+
KM1	SA-7	+	+	+		+	+		+	+	+	+	+
KM2	SA-8	+	+	+			+			+	+	+	+
KM3	SA-9	+	+								+	+	+
KM4	SA-10	+										+	+
KM5	SA-11	+											+

图3-23　HK-20/5T桥式起重机的电气原理图

3．主控接触器 KM 的控制。

在起重机启动之前，应将所有凸轮控制器手柄置于“0”位，各零位保护触点闭合（如图 3-23 中的各控制器触点分合表所示），将舱门、横梁栏杆门关好，使安全开关 SQ1、SQ2、SQ3 常开触点被压合，同时将紧急开关 SA1 合上，为启动做好准备。

合上电源开关 QS1，按下启动按钮 SB，接触器 KM 吸合，通过开关图可以看出，此时触点 Q1-1、Q1-11、Q2-10、Q2-11、Q3-15、Q3-16 均是闭合的，接触器 KM 可以通过其两个副触点 KM（1-2）、KM（10-14）进行自锁。

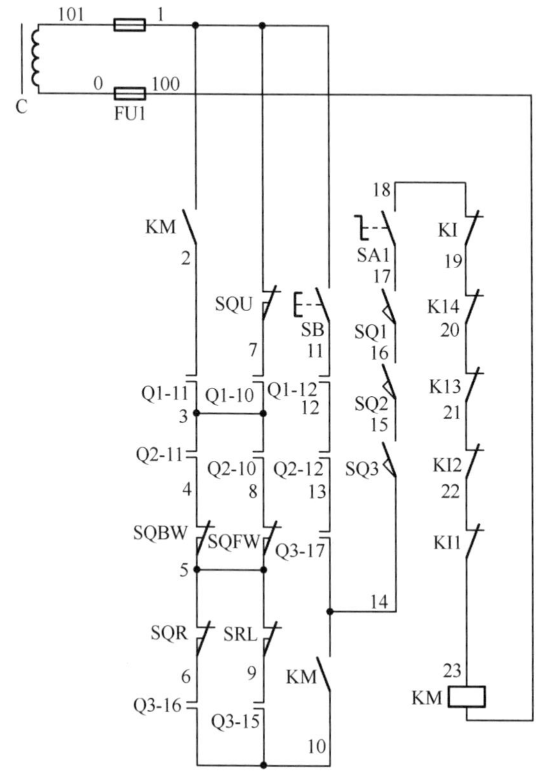

图 3-24　安全保护

4．凸轮控制器的控制。

起重机的大车、小车和副钩电动机的容量都比较小，一般采用凸轮控制器控制。

由于大车两头分别由两台电动机 M3、M4 拖动，所以 Q3 比 Q1、Q2 多 5 对常开触点，用来切除电动机 M4 的转子电阻，大车、小车和副钩的控制原理基本相同，下面以副钩为例说明。

凸轮控制器 Q1 共有 12 对触点，其手柄共有 11 个档位，中间为零档位，左（下降）、右（上升）两边各 5 个档位，4 对触点用在主电路中，用来控制电动机正反转，以实现控制副钩的上升和下降；5 对触点用在转子电路中，以及用来逐级切除转子电阻，改变电动机转速，以实现对副钩上升、下降的调速；3 对触点用在控制回路中作联锁触点。

在 KM 吸合后，总电源接通，转动凸轮控制器 Q1 的手轮到上升的“1”档，Q1 的触点 Q1-1、Q1-3 闭合，电磁制动器 YA1 得电吸合，闸瓦松闸，副钩电动机 M1 正转，由于此时 Q1 的五对常开触点（Q1-5、Q1-6、Q1-7、Q1-8、Q1-9）均是断开的，M1 转子串入全部的外接电阻启动，副钩电动机 M1 以最低的转速带动副钩上升，转动 Q1 的手轮，依次到上升的档位 2、3、4、5 挡，Q1-5、Q1-6、Q1-7、Q1-8、Q1-9 依次闭合，则依次短接电阻 1R5、1R4、1R3、1R2、1R1，副钩电动机 M1 的转速逐级升高。断电或将 Q1 手轮转动到“0”档位时，副钩电动机 M1 断电，同时电磁铁 YA1 也断电，制动机构将副钩电动机转子制动。

其他大车和小车的控制方法与副钩相似，读者可以自己分析。

5．主钩控制。

由于主钩电动机的容量比较大，一般采用主令控制器配合磁力控制屏进行控制，即由主令控制器控制接触器，如图 3-25 所示，再由接触器控制主钩电动机。

主钩上升与凸轮控制器的工作过程基本相似，区别只在于它通过接触器来控制。

合上 QS1、QS2、QS3，接通主电路和控制电路的电源，将主令控制器的 SA 手轮转到“0”位，其触点 SA-1 闭合，继电器 KV 吸合，并通过其触点 KV（24-25）自锁，为主钩电动机 M5 的启动做好准备。

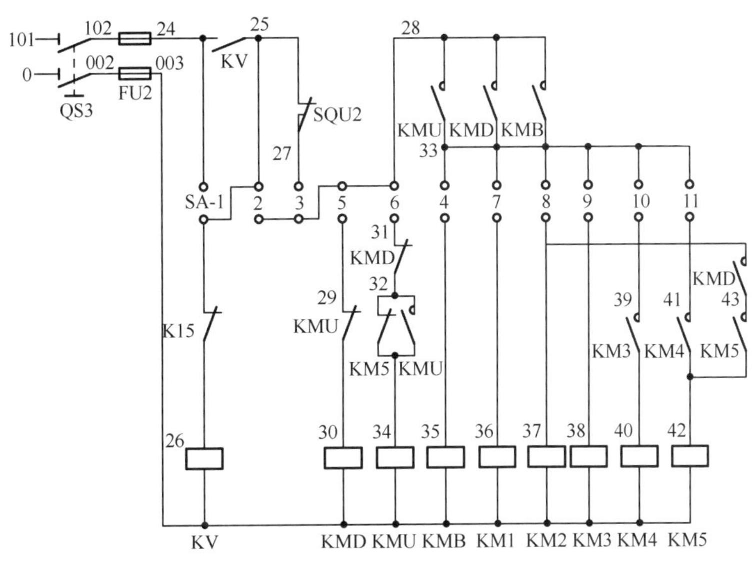

图 3-25　主钩控制

当主令控制器的 SA 手轮转到上升位置的 1 挡时，其触点 SA-3、SA-4、SA-6、SA-7 闭合，KMU、KM、KM1 得电吸合，制动电磁铁松闸，主钩电动机 M5 正转。由于 KM1 触点只短接一段电阻，因此主钩电动机 M5 的电磁转矩较小，一般不起吊重物，只用来预紧钢丝绳和消除齿轮间隙，当手轮依次转到上升位置的 2、3、4、5 挡的时候，主令控制器触点 SA-8～SA-11 相继闭合，依次使 KM2、KM3、KM4、KM5 通电吸合，对应的主钩电动机转子电路中的 5R 电阻被逐级短接，主钩电动机 M5 的转速逐级提高，主钩上升速度亦逐渐增加。

主令控制器手轮在上升位置时，触点 SA-3 始终闭合，限位开关 SQU2 串入控制回路，起到上升限位保护作用。

将主令控制器 SA 的手轮转到下降位置的“C”挡，其触点 SA-3、SA-6、SA-7、SA-8 闭合，位置开关 SQU2 串入电路上限位保护，KM1、KMU、KM1、KM2 得电吸合，电动机定子正向通电，产生一个提升力矩，但此时 KMB 未接通，制动器处于抱闸状态，电动机不能转动，用以消除齿轮间隙，防止下降时过大的机械冲击力对齿轮及钢丝绳产生破坏。

下降的 1、2 挡位用于重物低速下降，当操作手轮在下降的 1、2 挡位时，SA-4 闭合，KMB、YA5 通电，制动器松闸，SA-8、SA-7 相继断开，KM1、KM2 相继释放，主钩电动机转子电阻逐渐加入，使主钩电动机产生的力矩减小，也为主钩电动机强力下降做好准备。在下降的 1、2 挡位时，主钩电动机实际上是正转，产生的是向上的提升力，此时，主钩电动机的工作状态会随重物的重力大小而改变，若电动机产生的提升力大于重力，则电动机工作在电动状态，重物实际上是被向上提升的；若电动机产生的向上提升力小于重物的重力，则使电动机工作在负载倒拉反接制动状态，重物实际上是克服电动机的提升力而下降的。

下降的 3、4、5 挡位为强力下降，当操作手轮在下降的 3、4、5 挡位时，KMD 和 KMB 吸合，电动机定子反向通电，同时制动器松闸，电动机产生的电磁转矩与吊钩负载重力力矩的方向一致，强迫推动吊钩下降，适用于空钩下降或轻物下降，从第 3 挡位到第 5 挡位，转子电阻相继切除，可获得三种强力下降速度。

五、故障分析

桥式起重机的结构复杂，工作环境比较恶劣，某些主要电气设备和元器件的密封条件较差，同时工作频繁，故障率较高。为保证人身与设备的安全，必须经常维护保养和检修。现将常见故障现象及原因分述如下。

1．常见故障一。

（1）故障现象：合上电源总开关 QS1 并按下启动按钮 SB 后，主接触器 KM 不吸合。

（2）故障原因：线路无电压；熔断器 FU1 熔断；紧急开关 QS4，或安全开关 SQ7、SQ8、SQ9 未合上；主接触器 KM 的线圈断路；各凸轮控制器的手柄没有在零位，AC1-7、AC2-7、AC3-7 触点分断；过电流继电器 KA0～KA4 动作后未恢复，如图 3-26 中的虚线所示。

2．常见故障二。

（1）故障现象：主接触器 KM 吸合后，过电流继电器 KA0～KA4 立即动作。

（2）故障原因：凸轮控制器电路接地；电动机 M1～M4 绕组接地；电磁抱闸线圈接地。

3．常见故障三。

（1）故障现象：当电源接通，转动凸轮控制器手轮后，电动机未启动。

（2）故障原因：凸轮控制器的主触点接触不良；滑触线与集电环接触不良；电动机定子绕组或转子绕组断路；电磁抱闸线圈断路或制动器未放松。

4．常见故障四。

（1）故障现象：主钩上升的五个挡位与下降的“C”“1”“2”三个挡位不能工作，其他功能均正常。

（2）故障原因：由 SA 主令控制器触点分合表可见，故障现象中所指的八个挡位（五个上升挡位和三个下降挡位）对应的电源相序均为正序，即主钩电动机 M5 在这八个挡位上得到的都是正转的电源相序，都可以让图 3-27 中的接触器 KMU 得电，与 K18 的故障分析相似，这八个挡位的电气通路都必须经过主令控制器的 SA-3（27-28）触点，一旦 SA-3

所在的支路有一处开路，主钩电动机就不能实现本故障现象所提到的八个挡位的正常运行；此外，若上升接触器 KMU 不能得电，也无法实现主钩这八个挡位的正常运行，常见故障四的故障范围（虚线路径）如图 3-27 所示。

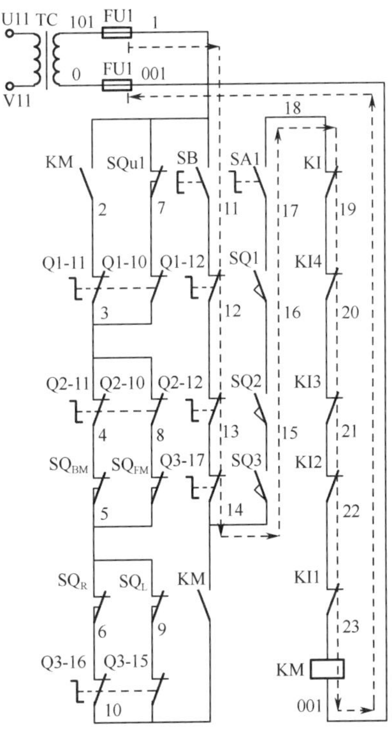

图 3-26　虚线所示为常见故障一的故障范围

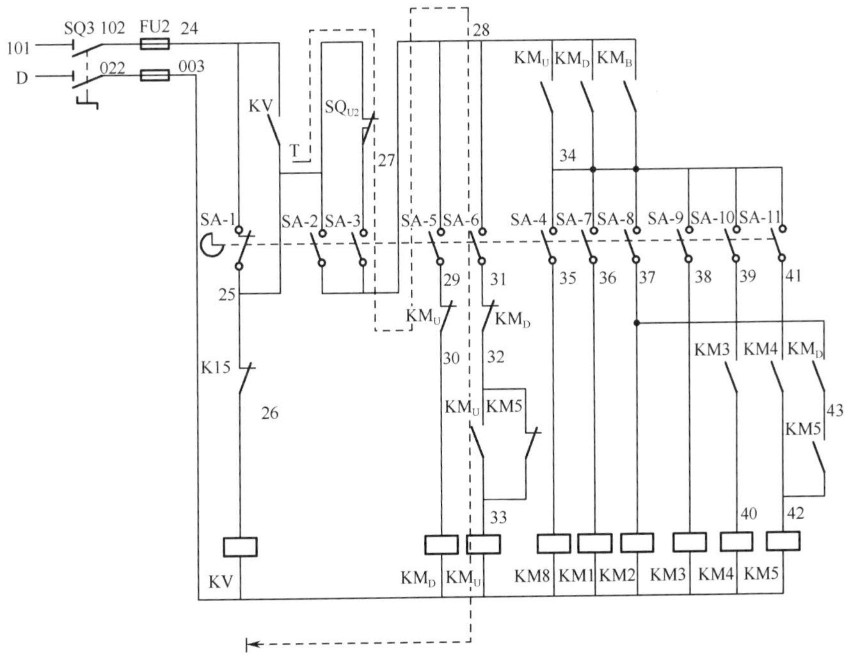

图 3-27　常见故障四的故障范围

值得注意的是，学员在理解主令控制器下降挡位“C”“1”“2”的制动时，不要从“下降”的字面意思理解此时主钩电动机 M5 得电的实质情况，而应该从电动机的机械特性与负载状况方面理解，由于主令控制器手柄置于下降挡位“C”“1”“2”时，绕线式异步电动机转子回路串入的电阻阻值较大，电动机的机械特性较“弱”，电动机提供的正向电磁转矩不足以正向提住重物，因此在较重的位能性负载的作用下，负载会反拖着电动机进入另一种平衡状态，即负载倒拉反接制动状态，此时电动机的转向已经改变，故称为“下降”。实际上，这三个挡位对应的电磁转矩是起提升作用的，此电磁转矩部分抵销了重物垂直向下的运动趋势。主令控制器手柄置于“C”的实质是使重物在空中悬停（n=0，T>0）。

如果将主令控制器手柄置于下降挡位“1”“2”，且此时是空载或轻载，则主钩不但不能下放，反而会上升，因此在主令控制器 SA-3 的支路里为 8 个挡位共同设置了防止主钩过度上升的限位保护，并由限位开关 SQU2 实现上升限位保护。

5．常见故障五。

（1）故障现象：主令控制器手柄置于上升的“1”挡位与下降的“1”挡位时，切除电阻的接触器 KM1 不能得电吸合，主令控制器手柄置于上升的“1”挡位时，提升重物比较困难，主令控制器手柄置于下降的“1”挡位时，下放重物的情况与主令控制器手柄置于下降的“2”挡位时一样，且下放重物的速度均不能调节，其他均正常。

（2）故障原因：因转子回路里切除 5R6 电阻的接触器 KM1 不能得电，因此，主令控制器手柄置于上升或下降的“1”挡位时，转子回路仍然接入最大电阻（R～5R6），在设备设计上，因为该挡位串入的电阻阻值较大，启动转矩较小，所以并不用于提升重物，而是用于收紧钢丝绳。对于故障现象中提到的“提升重物比较困难”，对于下降的“1”挡位，若 KM1 不能吸合，则其功能与下降的“2”挡位一样，因此不能在下降的“1”与“2”挡位间进行重物下放的调速。排除该故障的关键是让 KM1 得电，因此常见故障五的故障范围（虚线路径）如图 3-28 所示。

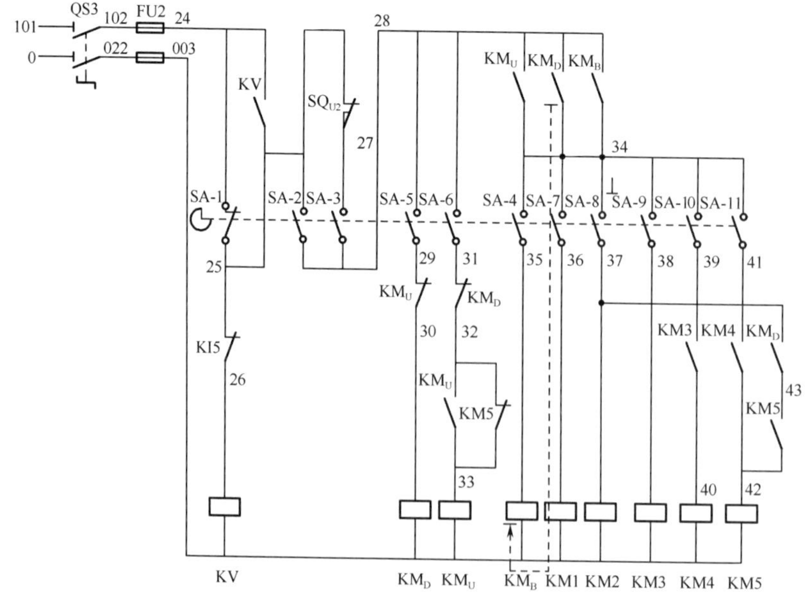

图 3-28　常见故障五的故障范围

项目四　电子技术

任务一　施密特触发器电路

任务目标

1. 掌握所用的电子元器件的测量方法。
2. 理解电路的工作原理。
3. 掌握本电子线路的安装方法。
4. 掌握电子线路的调试方法。

任务描述

如图 4-1 所示，该电路是施密特触发电路，要求安装并调试电路。

任务实施

1. 线路图。

单稳态电路图如图 4-1 所示。

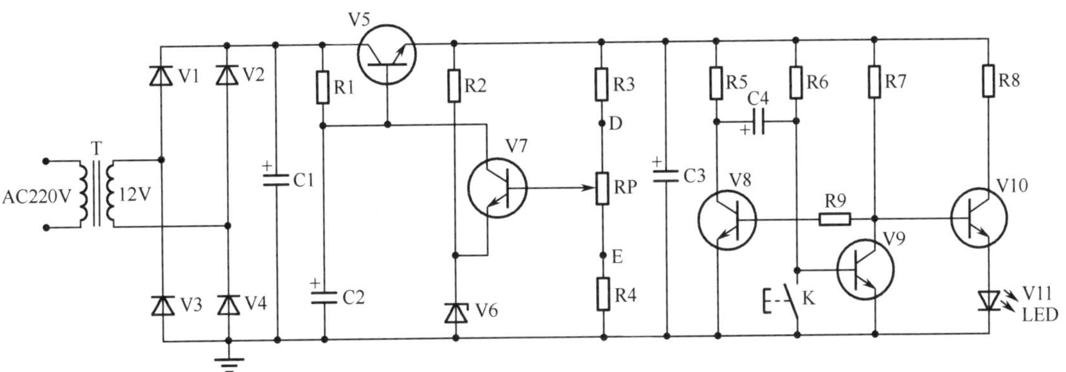

图 4-1　单稳态电路图

元器件明细表如表 4-1 所示。

表 4-1　元器件明细表

序　　号	代　　号	名　　称	型号与规格	数　　量
1	V1～V4	二极管	1N4007	4

续表

序　号	代　号	名　称	型号与规格	数　量
2	V5～V10	三极管	S8050	2
3	V7～V9	三极管	9014	3
4	V6	稳压管	2CW54（6V）	1
5	V11	发光管	500mA、3V	1
6	C1	电容	470μF/25V	1
7	C2	电容	100μF/25V	1
8	C3、C4	电容	330μF/25V	2
9	RP	电位器	1kΩ	1
10	R1	电阻	1kΩ、1/4W	1
11	R2	电阻	560Ω、1/4W	1
12	R3、R4	电阻	150Ω、1/4W	2
13	R5、R7	电阻	4.7kΩ、1/4W	2
14	R6	电阻	24kΩ、1/4W	1
15	R8	电阻	560Ω、/4W	1
16	R9	电阻	30kΩ、1/4W	1
17	K	开关	小按钮	1
18	T	变压器	220V/12V	1

2．任务实施步骤。

（1）安装。

1）根据元器件明细表配齐元器件并检查元器件。

2）清除空心铆钉板或万能板上，以及元器件引脚上的氧化层，并上锡。

3）进行平面布置，考虑好连线的方向，避免交叉。

4）焊接并连线。

5）检查是否有漏焊、虚焊、错焊等现象。

6）检查无误后通知指导老师，并通电测试。

7）完成实验，制作实训报告。

8）整理工作位并进行复习。

（2）调试。

1）进行装配、调试与检测。按图细心装配，经检查无误后，方可通电。

2）先把稳压部分调试好，再把触发器接入调试。

3）在未按按钮 K 的情况下观察 LED 灯的情况，并测出三极管 V8 的各极电压。

4）按下按钮 K，观察 LED 灯的情况，并测出三极管 V9 的各极电压。

（3）注意事项。

1）电容、二极管、三极管和稳压管的极性不能接错。

2）调试时，RP 的调整速度要慢且稳，使输出电压缓慢变化，并调到 10V 左右。

3）正确使用仪器和仪表，分析数据。

任务评价

职业技能评分表如表4-2所示。

表4-2　职业技能评分表

序号	主要内容	考核要求	评分标准	配分	扣分	得分
1	线路焊接	1. 正确使用工具和仪表； 2. 焊接质量可靠，焊接技术符合工艺要求	1. 布局不合理，扣3分。 2. 焊点粗糙、拉尖、有气孔、夹渣、干瘪、过饱、虚焊，每处扣2分。 3. 元器件漏焊、假焊、松动、歪斜、参差不齐、损伤，每处扣2分。 4. 引线过长、焊剂残留、连线凌乱、铜箔掀起，每处扣2分。 5. 元器件的标称不直观、安装高度不符合要求，每处扣2分。 6. 工具、仪表使用不正确，每处扣2分。 7. 焊接时损坏元器件，每只扣4分	40		
2	整机调试	在规定时间内，利用仪器仪表进行通电调试	1. 通电调试不成功，一次扣10分，二次扣20分，三次扣30分。 2. 调试过程中损坏元器件，每只扣4分。 3. 线路功能不全，扣8～20分。 4. 写出的调试步骤不正确，每处扣6～10分	40		
3	测试及分析	在所焊接的电子线路板上，用仪表测试出并记录各指定点的电压（电流），或用示波器测试，并绘出各指定点的电压（电流）波形	1. 仪器仪表的开机准备工作不熟练，扣2分。 2. 在测量过程中，操作步骤每错一步扣2～6分。 3. 数据记录错误或绘错波形，扣6分。 4. 要求写出的测试数据或波形参数值错误，每处扣2分	20		
5	安全文明生产	1. 劳保用品穿戴整齐。 2. 电工工具佩戴齐全。 3. 遵守操作规程。 4. 尊重考评员，文明礼貌。 5. 考试结束后清理现场	1. 这部分考试考核内容不配分，考试中正确操作，不得分也不扣分。 2. 违反考核要求，影响安全文明生产，每次扣2～5分。 3. 发现考生有重大事故隐患时，每次扣5～10分，严重违规时扣15分或直接取消考核资格	倒扣		
合计				100		
评分记录			考评员签字			

知识链接

如图4-1所示，该电路的前半部分为整流稳压电路，其中，稳压电路由串联稳压电路组成，经稳压后向后半部分电路供电；后半部分为单稳态电路。在未按按钮K时，V9饱和导通，此时V9集电极电位为低电位，三极管V8截止，V8集电极电位为高电位，这就是电路的稳定状态。

当按按钮 K 时，V9 基极电位为零，使 V9 迅速截止，V8 迅速饱和，电路进入暂稳状态，在此状态期间，电容 C4 放电后经过三极管 V8，电阻 R6 充电，当 V9 基极电位上升到 0.5V 时，三极管 V9 开始导通，并引起正反馈过程，使 V9 迅速饱和，V8 迅速截止，电路返回到稳定状态。在 V9 截止时，V10 饱和，LED 灯发光。

任务二　集成运放与晶体管组成的功率放大器电路

任务目标

1．掌握所用的电子元器件的测量方法。

2．理解电路的工作原理，加深对运放的理解。

3．掌握本电子线路的安装方法。

4．掌握电子线路的调试方法。

任务描述

如图 4-2 所示，该电路的前半部分为由集成电路 LM741 组成的前置放大电路；后半部分为甲乙类互补的对称功率放大电路，要求安装并调试电路。

任务实施

1．线路图。

集成运放与晶体管组成的功率放大器电路如图 4-2 所示。

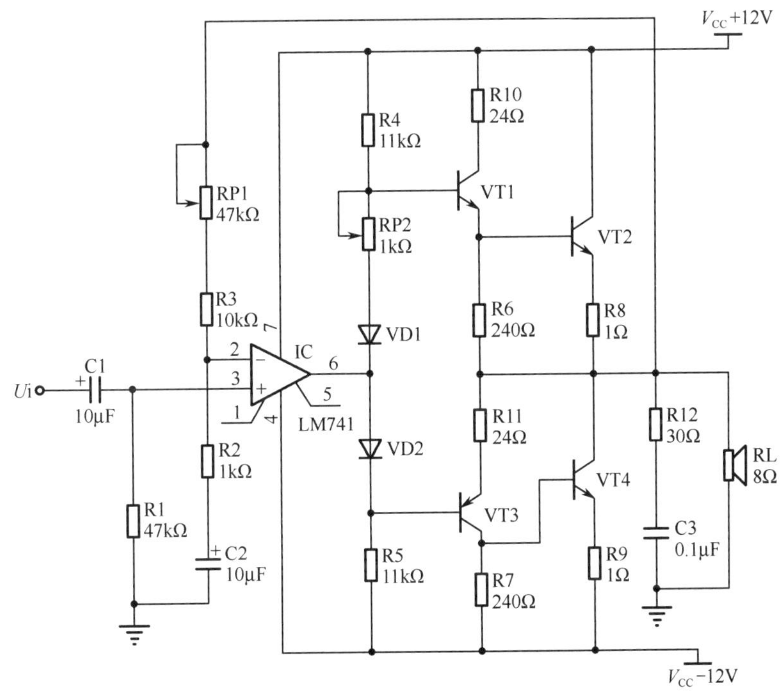

图 4-2　集成运放与晶体管组成的功率放大器电路

元器件明细表如表 4-3 所示。

表 4-3　元器件明细表

序号	名　称	型号与规格	单　位	数　量	备　注
1	三极管 VT1	3DG6（可用 9013 代替）	只	1	
2	三极管 VT2	3DD01（可用 8050 代替）	只	1	
3	三极管 VT3	3CG21（可用 9012 代替）	只	1	
4	三极管 VT4	53DD01（可用 8050 代替）	只	1	
5	二极管 VD1	2CP10（可用 1N4001 代替）	只	1	
6	二极管 VD2	2CP10（可用 1N4001 代替）	只	1	
7	电阻 R1	47kΩ、0.25W	只	1	
8	电阻 R2	1kΩ、0.25W	只	1	
9	电阻 R3	10kΩ、0.25W	只	1	
10	电阻 R4	11kΩ、0.25W	只	1	
11	电阻 R5	11kΩ、0.25W	只	1	
12	电阻 R6	240Ω、0.25W	只	1	
13	电阻 R7	240Ω、0.25W	只	1	
14	电阻 R8	1Ω、0.25W	只	1	
15	电阻 R9	1Ω、0.25W	只	1	
16	电阻 R10	24Ω（4Ω）、0.25W	只	1	
17	电阻 R11	24Ω（4Ω）、0.25W	只	1	
18	电阻 R12	30Ω、0.25W	只	1	
19	可调电位器 RP1	47kΩ、0.25W	只	1	
20	可调电位器 RP2	1kΩ、0.25W	只	1	
21	电解电容 C1	10μF/16V	只	1	
22	电解电容 C2	10μF/16V	只	1	
23	瓷片电容 C3	0.1μF	只	1	
24	集成电路块 IC	μA741（或 LM741）	块	1	
25	扬声器 RL	8Ω、1W（或以 1kΩ 的电阻替代，并绘出负载波形以备考核）	只	1	
26	单股镀锌铜线（用于连接元器件）	AV/0.1mm^2	m	1	
27	多股细铜线（用于连接元器件）	AVR/0.1mm^2	m	1	
28	万用印刷线路板（或铆钉板）	2mm×70mm×100mm（或 2mm×150mm×200mm）	块	1	
29	电烙铁、烙铁架、焊料与焊剂	自定义	套	1	
30	直流电源	+12V、-12V	只	1	
31	直流稳压电源	0～36V	只	1	
32	信号发生器	XD1	只	1	

续表

序号	名 称	型号与规格	单 位	数 量	备 注
33	示波器	SB-10 型或自定	台	1	
34	单相交流电源	交流 220V、36V/5A	只	1	
35	电工通用工具	验电笔、钢丝钳、螺钉旋具（一字形和十字形）、电工刀、尖嘴钳、活扳手、剥线钳等	套	1	
36	万用表	自定义	只	1	
37	劳保用品	绝缘鞋、工作服等	套	1	

2．任务实施步骤。

（1）安装。

1）对照元器件明细表清点数量。

2）对各元器件进行识别、检测。

3）了解各元器件的种类及其功能、用途。

4）装接集成电路插座时，应按引脚顺序焊接（以缺口为起始标记），避免插入集成电路时错误，损坏集成电路；外围元器件应以集成电路引脚为中心在其周边排列，以确保集中整齐、外形美观。

5）根据单孔铜箔板的特点绘制装接图，进行元器件整形后，方可在万用印刷线路板上按图排列，注意每只元器件的高度。

6）焊接时间要短，以防铜箔脱落，焊接完毕后检查是否有漏焊、虚焊、错焊。

7）通电前仔细检查线路，检查无误后通知指导老师，指导老师同意后方可通电测量。

8）正确使用测量仪器、仪表。

（2）调试。

1）装配、调试与检测。按图细心装配，检查无误后，方可通电。

2）先调试静态，调试好静态后，再调试动态；调试动态时把音频信号加到输入端，查看放大电路的工作情况。

（3）注意事项。

1）电容、二极管、三极管和稳压管的极性不能接错；集成电路不能接错。

2）调试时把 RP 先调到零，调整时速度要慢且稳，直至电阻为 0。

3）正确使用仪器和仪表，分析数据。

任务评价

职业技能评分表如表 4-4 所示。

表 4-4 职业技能评分表

序号	主 要 内 容	考 核 要 求	评 分 标 准	配分	扣分	得分
1	按图焊接	正确使用工具和仪表，装接质量可靠，装接技术符合工艺要求	1．布局不合理，每处扣 1 分。 2．焊点粗糙、拉尖、有焊接残渣，每处扣 2 分。	50		

续表

<table>
<tr><th>序号</th><th>主 要 内 容</th><th>考 核 要 求</th><th>评 分 标 准</th><th>配分</th><th>扣分</th><th>得分</th></tr>
<tr><td>1</td><td>按图焊接</td><td>正确使用工具和仪表，装接质量可靠，装接技术符合工艺要求</td><td>3．元器件虚焊、有气孔、漏焊、松动、损坏元器件，每处扣 1 分。
4 引线过长、焊剂未擦拭干净，每处扣 2 分。
5．元器件的标称值不直观、安装高度不符合要求，扣 2 分。
6．工具、仪表使用不正确，每次扣 1 分。
7．焊接时损坏元器件，每只扣 5 分</td><td></td><td></td><td></td></tr>
<tr><td>2</td><td>调试后通电试验</td><td>在规定时间内，使用仪器、仪表调试后进行通电试验</td><td>1．通电调试一次不成功扣 5 分；两次不成功扣 10 分；三次不成功扣 15 分。
2．调试过程中损坏元器件，每只扣 2 分</td><td>50</td><td></td><td></td></tr>
<tr><td>3</td><td>安全文明生产</td><td>1．劳动保护用品穿戴整齐。
2．电工工具佩戴齐全。
3．遵守各项安全操作规程。
4.尊重考评员，讲文明礼貌。
5．考试结束后清理现场</td><td>1．违反安全文明生产考核要求中的任何一项，扣 1 分。
2．当考评员发现考生有重大人身事故隐患时，要立即予以制止，扣 2～10 分。
3．以上内容从本项目总分中扣除，扣完为止。
4．要求遵守考场纪律，不能出现重大事故。若出现严重违反考场纪律的事项或发生重大事故，则本次技能考核视为不合格</td><td></td><td></td><td></td></tr>
<tr><td rowspan="2">备注</td><td rowspan="2" colspan="2"></td><td>合计</td><td>100</td><td></td><td></td></tr>
<tr><td>考评员
签字</td><td colspan="3">年 月 日</td></tr>
</table>

知识链接

LM741 的介绍和引脚排列。

LM741 是一种应用非常广泛的通用型运算放大器。由于采用了有源负载的形式，所以只要两级放大就可以达到很高的电压增益和很宽的共模及差模输入电压范围。本电路采用内部补偿，电路比较简单，不易自激，工作点稳定，使用方便，而且设计了完善的保护电路图，不易损坏。LM741 可应用于各种数字仪表及工业自动控制设备中。LM741 引脚图如图 4-3 所示。

在图 4-3 中，1 号、5 号引脚一般为空，引脚用于消除失调电压、平衡输入电压；2 号引脚为反相输入；3 号引脚为同相输入；4 号引脚为电源负端，接地或接负电源电压；6 号引脚为运算放大器的输出；7 号引脚接电源正电压；8 号引脚未使用。

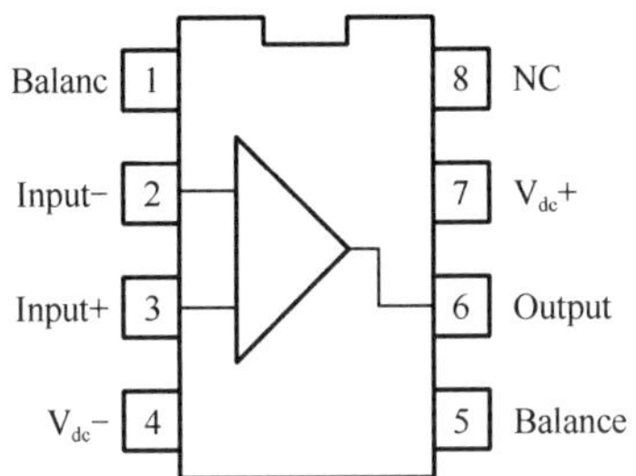

图 4-3　LM741 引脚图

任务三　逻辑测试电路

任务目标

1．理解并掌握逻辑测试电路的工作原理。

2．加深对运放电路的理解并提高运用运放电路的能力。

3．掌握逻辑测试电路的安装、调试方法。

任务描述

如图 4-4 所示，该电路为由集成放大电路 LM324 组成的高低电平逻辑测试电路，要求安装并调试电路。

任务实施

1．线路图

逻辑测试电路如图 4-4 所示。

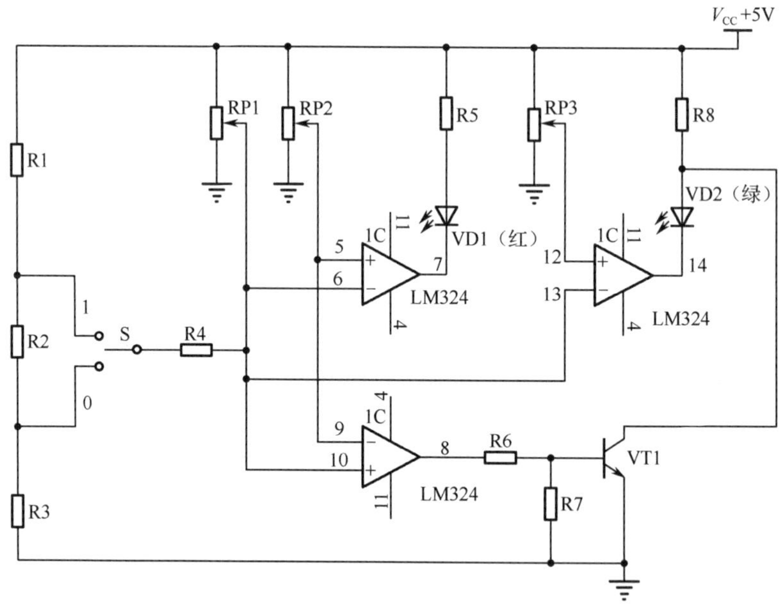

图 4-4　逻辑测试电路

元器件明细表如表 4-5 所示。

表 4-5　元器件明细表

序号	名　称	型号与规格	单　位	数　量	备　注
1	发光二极管 VD1	HFW314001，红色	只	1	
2	发光二极管 VD2	HFW314001，绿色	只	1	

续表

序号	名　　称	型号与规格	单　　位	数　　量	备　　注
3	集成电路块 IC	LM324	只	1	
4	三极管	9013	只	1	
5	电阻 R1	2.4kΩ、0.25W	只	1	
6	电阻 R2	6.8kΩ、0.25W	只	1	
7	电阻 R3	820Ω、0.25W	只	1	
8	电阻 R4	1kΩ、0.25W	只	1	
9	电阻 R5	560Ω、0.25W	只	1	
10	电阻 R6	2.7kΩ、0.25W	只	1	
11	电阻 R7	2.7kΩ、0.25W	只	1	
12	电阻 R8	560Ω、0.25W	只	1	
13	可调电位器 RP1	10kΩ、0.25W～0.5W	只	1	
14	可调电位器 RP2	15kΩ、0.25W～0.5W	只	1	
15	可调电位器 RP3	10kΩ、0.25W～0.5W	只	1	
16	单刀双掷扳手开关 S	自定	只	1	
17	直流电源	+5V	台	1	

2．任务实施步骤。

（1）安装。

1）对照元器件明细表清点数量。

2）识读该原理图，对每只元器件进行识别、检测。

3）了解各元器件的种类、功能、用途。

4）集成电路插座的装接，应按引脚顺序焊接（以缺口为起始标记），避免插入时出错，外围元器件应以集成电路引脚为中心在其周边排列，以确保集中整齐、外形美观。

5）根据单孔铜箔板的特点绘制装接图，元器件应在整形后再在电路板上按图纸指示排列，注意每只元器件的高度。

6）焊接时间要短，以防铜箔脱落，焊接完毕后检查是否有漏焊、虚焊、错焊等现象。

7）通电前仔细检查线路，检查无误后通知指导老师，指导老师同意后方可通电测量。

8）正确使用测量仪器、仪表。

（2）调试。

1）装配、调试与检测。按图细心装配，检查无误后，方可通电。

2）先把开关 S 调到“1”位置（输入高电平），这时调整 RP1、RP2、RP3，使 VD1（红）亮；再把开关 S 调到“2”位置，此时应该 VD2（绿）亮。

（3）注意事项。

1）二极管、集成电路和稳压管的极性不能接错。

2）调试 RP 时要细心，调整时速度要慢且稳。

3）正确使用仪器和仪表，分析数据。

任务评价

职业技能评分表如表 4-6 所示。

表 4-6　职业技能评分表

<table>
<tr><th>序号</th><th>主 要 内 容</th><th>考 核 要 求</th><th>评 分 标 准</th><th>配分</th><th>扣分</th><th>得分</th></tr>
<tr><td>1</td><td>按图焊接</td><td>正确使用工具和仪表，装接质量可靠，装接技术符合工艺要求</td><td>1．布局不合理每处扣 1 分。
2．焊点粗糙、拉尖、有焊接残渣，每处扣 2 分。
3．元器件虚焊、有气孔、漏焊、元器件松动、损坏元器件，每处扣 1 分。
4．引线过长、焊剂未擦拭干净，每处扣 2 分。
5．元器件的标称值不直观、安装高度不符合要求扣 2 分。
6．工具、仪表使用不正确，每次扣 1 分。
7．焊接时损坏元器件，每只扣 5 分</td><td>50</td><td></td><td></td></tr>
<tr><td>2</td><td>调试后通电试验</td><td>在规定时间内，使用仪器、仪表调试后进行通电试验</td><td>1．通电调试一次不成功扣 5 分；二次不成功扣 10 分；三次不成功扣 15 分。
2．调试过程中损坏元器件，每只扣 2 分</td><td>50</td><td></td><td></td></tr>
<tr><td>3</td><td>安全文明生产</td><td>1．劳动保护用品穿戴整齐。
2. 电工工具佩戴齐全。
3．遵守各项安全操作规程。
4．尊重考评员，讲文明礼貌。
5．考试结束后清理现场</td><td>1．违反安全文明生产考核要求中的任何一项，扣 1 分。
2．当考评员发现考生有重大人身事故隐患时，要立即予以制止，扣 2～10 分。
3．以上内容从本项目总分中扣除，扣完为止。
4．要求遵守考场纪律，不能出现重大事故。若出现严重违反考场纪律的事项或发生重大事故，则本次技能考核视为不合格</td><td></td><td></td><td></td></tr>
<tr><td rowspan="2">备注</td><td rowspan="2" colspan="2"></td><td>合计</td><td>100</td><td></td><td></td></tr>
<tr><td>考评员签字</td><td colspan="3">年　　月　　日</td></tr>
</table>

知识链接

一、LM324 简介

LM324 引脚图如图 4-5 所示。

LM324 是四运放集成电路，它采用 14 引脚双列直插塑料封装，如图 4-5 所示。它的内部包含四组形式完全相同的运算放大器，除共用电源外，四组运算放大器相互独立。每一组运算放大器可用图 4-5 中的符号表示，它有 5 个引出脚，其中，“1IN+（3 号引脚）”

“1IN-（2 号引脚）”为两个信号输入端，“V+（4 号引脚）”“V-（11 号引脚）”为正、负电源端，“1OUT（1 号引脚）”为第一组运算放大器的输出端。在两个信号输入端中，V-（11 号引脚）为反相输入端，表示运放输出端 1OUT（1 号引脚）的信号与该输入端的相位相反；“V+（4 号引脚）为同相输入端，表示运放输出端 1OUT（1 号引脚）的信号与该输入端的相位相同。其他三组引脚的排列与第一组引脚的排列相同，LM324 引脚图如图 4-5 所示。

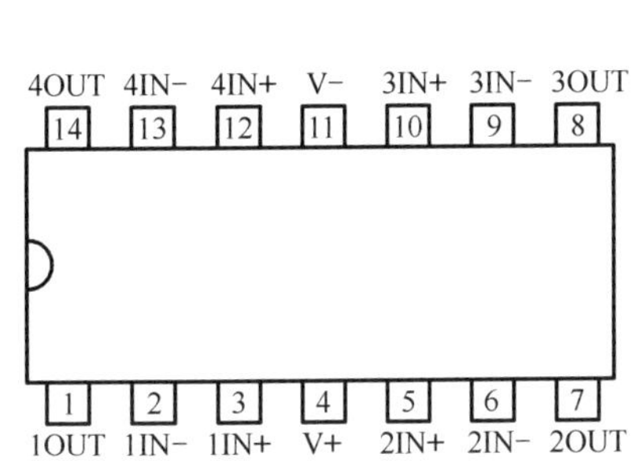

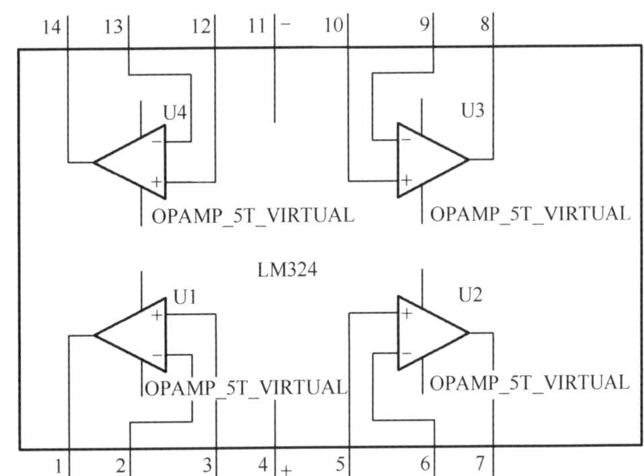

图 4-5　LM324 引脚图

辨认集成电路的引脚：芯片的 1 号引脚是正放芯片，面对型号字符，然后，芯片的左下方为 1 号引脚。也可以把芯片的缺口朝左放置，这样左下角就是 1 号引脚了。知道了 1 号引脚之后，按照逆时针方向，依次是 2 号引脚至最后一个引脚。(1 号引脚与最后的引脚遥遥相对)。

二、工作原理

在图 4-4 中，先把 S 打到“1”(高电平）位置，调节 RP1、RP2，使 LM324 的 8 号引脚输出高电平，使 VT1 饱和；且使集成电路的 7 号引脚输出低电平，这时红灯 VD1 亮，绿灯 VD2 灭。把 S 打到“0”(低电平）位置时，应使集成电路 7 号引脚为高电平，8 号引脚和 14 号引脚为低电平，使 VD1 灭、VD2 亮，这样就可以进行逻辑测试了。

任务四　单相可控调压电路

任务目标

1．掌握所用电子元器件的测量方法。
2．理解电路的工作原理。
3．掌握本电子线路的安装方法。
4．掌握电子线路的调试方法。

任务描述

如图 4-6 所示，该电路是由单结晶体管组成的晶闸管触发电路，其输出的脉冲可控制单相半控桥，以进行调光控制。按要求安装并调试电路。

任务实施

1．线路图。

单相可控调压电路如图 4-6 所示。

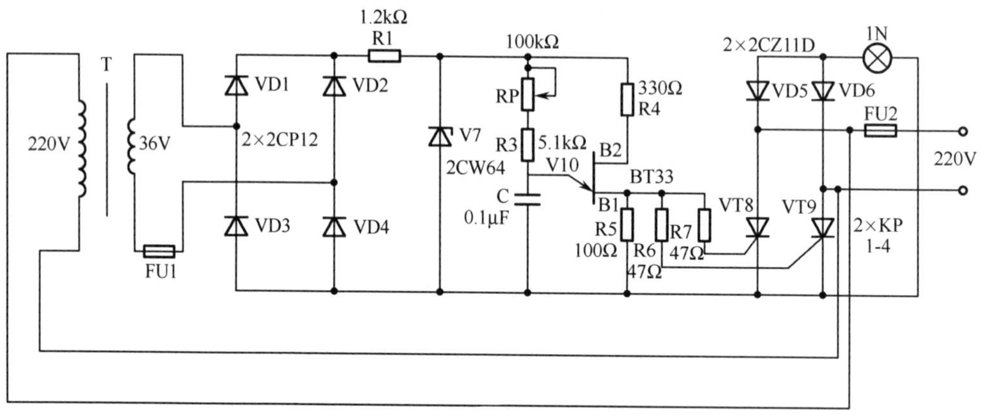

图 4-6　单相可控调压电路

图 4-6 中的单相半控桥引入的 220V 的电压可以用图中的隔离变压器 220V/36V 副边电压 36V 替代。

元器件明细表如表 4-7 所示。

表 4-7　元器件明细表

序号	名　称	型号与规格	单　位	数　量	备　注
1	二极管 VD1	2CP12（可用 1N4007 代替）	只	1	
2	二极管 VD2	2CP12（可用 1N4007 代替）	只	1	
3	二极管 VD3	2CP12（可用 1N4007 代替）	只	1	

续表

序号	名　　称	型号与规格	单　　位	数　　量	备　　注
4	二极管 VD4	2CP12（可用 1N4007 代替）	只	1	
5	二极管 VD5	2CZ11D（可用 1N4007 代替）	只	1	
6	二极管 VD6	2CZ11D（可用 1N4007 代替）	只	1	
7	稳压二极管 V7	2CW64，18～21V	只	1	
8	晶闸管 VT8	KP1～4（可用小功率塑封管代替）	只	1	
9	晶闸管 VT9	KP1～4（同上）	只	1	
10	单结晶体管 V10	BT33	只	1	
11	电阻 R1	1.2kΩ、0.25W	只	1	
12	电位器 RP	100kΩ、1W	只	1	
13	电阻 R3	5.1kΩ（2.7kΩ）、0.25W	只	1	
14	电阻 R4	330Ω、0.25W	只	1	
15	电阻 R5	100Ω、0.25W	只	1	
16	电阻 R6	47Ω、0.25W	只	1	
17	电阻 R7	47Ω、0.25W	只	1	
18	可调电位器 RP2	6.8kΩ、0.25W	只	1	
19	涤纶电容 C1	0.1μF/160V	只	1	
20	变压器	220/36V	只	1	
21	熔断器 FU1	0.2A	只	1	
22	熔断器 FU2	0.2A	只	1	
23	灯泡 IN	36V/15W	只	1	
24	单相电源变压器（单相半控桥的引入电源）	交流 220V/36V	只	1	替代单相电源，以确保安全
25	其他仪器设备及材料工具	同任务二			

2．任务实施步骤。

（1）安装。

1）根据元器件明细表配齐元器件并检查元器件。

2）清除空心铆钉板或万能板上，以及元器件引脚上的氧化层，并上锡。

3）进行平面布置，考虑好连线的方向，避免交叉。

4）焊接并连线。

5）检查是否有漏焊、虚焊、错焊等现象。

6）检查无误后通知指导老师并通电测试。

7）完成实验，制作实训报告。

8）整理工作位并进行复习。

（2）调试。

1）进行装配、调试与检测。按图细心装配，检查无误后，方可通电。

2）先调试触发电路部分，看有没有脉冲输出且可调，如果有，可以加入灯泡电源进行调试。

（3）注意事项。

1）二极管、晶闸管和稳压管的极性不能接错。

2）调试 RP 时要细心，调整时速度要慢且稳。

3）正确使用仪器和仪表，分析数据。

任务评价

职业技能评分表如表 4-8 所示。

表 4-8　职业技能评分表

序号	主要内容	考核要求	评分标准	配分	扣分	得分
1	按图焊接	正确使用工具和仪表，装接质量可靠，装接技术符合工艺要求	1. 布局不合理每处扣 1 分。 2. 焊点粗糙、拉尖、有焊接残渣，每处扣 2 分。 3. 元器件虚焊、有气孔、漏焊、元器件松动、损坏元器件，每处扣 1 分。 4 引线过长、焊剂未擦拭干净，每处扣 2 分。 5. 元器件的标称值不直观、安装高度不符合要求扣 2 分。 6. 工具、仪表使用不正确，每次扣 1 分。 7. 焊接时损坏元器件，每只扣 5 分	50		
2	调试后通电试验	在规定时间内，使用仪器、仪表调试后进行通电试验	1. 通电调试一次不成功扣 5 分；二次不成功扣 10 分；三次不成功扣 15 分。 2. 调试过程中损坏元器件，每只扣 2 分	50		
3	安全文明生产	1. 劳动保护用品穿戴整齐。 2. 电工工具佩戴齐全。 3. 遵守各项安全操作规程。 4. 尊重考评员，讲文明礼貌。 5. 考试结束后清理现场	1. 违反安全文明生产考核要求中的任何一项，扣 1 分。 2. 当考评员发现考生有重大人身事故隐患时，要立即予以制止，扣 2～10 分。 3. 以上内容从本项目总分中扣除，扣完为止。 4. 要求遵守考场纪律，不能出现重大事故。若出现严重违反考场纪律的事项或发生重大事故，则本次技能考核视为不合格			

续表

<table>
<tr><th>序号</th><th>主要内容</th><th>考核要求</th><th colspan="2">评分标准</th><th>配分</th><th>扣分</th><th>得分</th></tr>
<tr><td rowspan="2">备注</td><td rowspan="2" colspan="2"></td><td colspan="2">合计</td><td>100</td><td></td><td></td></tr>
<tr><td>考评员
签字</td><td colspan="4">年 月 日</td></tr>
</table>

任务五　分立元器件组成的互补对称式 OTL 电路

任务目标

1．掌握所用电子元器件的测量方法。
2．理解电路的工作原理。
3．掌握本电子线路的安装方法。
4．掌握电子线路的调试方法。

任务描述

如图 4-7 所示为分立元器件组成的互补对称式 OTL 电路。按要求安装并调试电路。

任务实施

1．线路图

分立元器件组成的互补对称式 OTL 电路如图 4-7 所示。

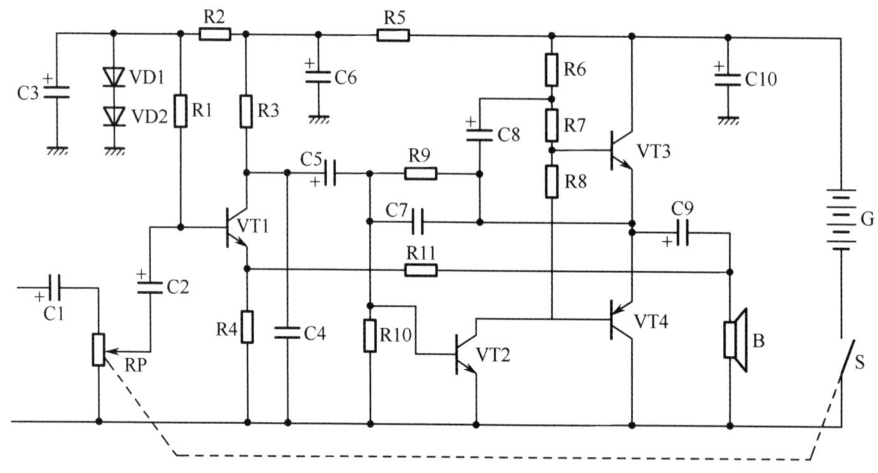

图 4-7　分立元器件组成的互补对称式 OTL 电路

元器件明细表如表 4-9 所示。

表 4-9　元器件明细表

序号	名　称	型号与规格	单　位	数　量	备　注
1	二极管 VD1、VD2	1N4148	只	2	
2	三极管 VT1、VT2	3DG6（可用 9013 代替）	只	2	
3	三极管 VT3	3BX31（可用 8050 代替）	只	1	
4	三极管 VT4	3AX31（可用 8550 代替）	只	1	
5	电阻 R1	47kΩ、0.25W	只	1	

续表

序号	名　称	型号与规格	单　位	数　量	备　注
6	电阻 R2	3.9kΩ、0.25W	只	1	
7	电阻 R3	2.7Ω、0.25W	只	1	
8	电阻 R4	1kΩ、0.25W	只	1	
9	电阻 R5	100Ω、0.25W	只	1	
10	电阻 R6	150Ω、0.25W	只	1	
11	电阻 R7	680Ω、0.25W	只	1	
12	电阻 R8	51Ω、0.25W	只	1	
13	电阻 R9	13kΩ、0.25W	只	1	
14	电阻 R10	5.1kΩ、0.25W	只	1	
15	电阻 R11	2kΩ、0.25W	只	1	
16	带开关电位器 RP	4.7kΩ、0.25～0.5W	只	1	
17	电解电容 C1、C2、C5	10μF/10V	只	3	
18	电解电容 C3	33μF/10V	只	1	
19	瓷片电容 C4	0.01μF10V	只	1	
20	电解电容 C6、C8、C9	100μF/10V	只	3	
21	瓷片电容 C7	6800pF	只	1	
22	电解电容	220μF/10V	只	1	
23	扬声器 B	8Ω、0.25W	只	1	
24	电池	1.5V	节	4	或稳压电源
25	其他仪器设备及材料工具	同任务二			

2．任务实施步骤。

（1）安装。

1）根据元器件明细表配齐元器件并检查元器件。

2）清除空心铆钉板或万能板上，以及元器件引脚上的氧化层，并上锡。

3）进行平面布置，考虑好连线的方向，避免交叉。

4）焊接并连线。

5）检查是否有漏焊、虚焊、错焊等现象。

6）检查无误后通知指导老师并通电测试。

7）完成实验，制作实训报告。

8）整理工作位并进行复习。

（2）调试。

1）进行装配、调试与检测。按图细心装配，检查无误后，方可通电。

2）调试时，可以在不带负载的情况下分级进行，各级都正常以后，接入负载调试，触发电路部分，看有没有脉冲输出且可调，如果有，可以加入灯泡、电源进行调试。

（3）注意事项。

1）二极管、三极管和稳压管的极性不能接错。

2）调试 RP 时要细心，调整时速度要慢。

3）正确使用仪器和仪表，分析数据。

职业技能评分表如表 4-10 所示。

表 4-10　职业技能评分表

序号	主要内容	考核要求	评分标准	配分	扣分	得分
1	按图焊接	正确使用工具和仪表，装接质量可靠，装接技术符合工艺要求	1．布局不合理每处扣 1 分。 2．焊点粗糙、拉尖、有焊接残渣，每处扣 2 分。 3．元器件虚焊、有气孔、漏焊、元器件松动、损坏元器件，每处扣 1 分。 4．引线过长、焊剂未擦拭干净，每处扣 2 分。 5．元器件的标称值不直观、安装高度不符合要求扣 2 分。 6．工具、仪表使用不正确，每次扣 1 分。 7．焊接时损坏元器件，每只扣 5 分	50		
2	调试后通电试验	在规定时间内，使用仪器、仪表调试后进行通电试验	1．通电调试一次不成功扣 5 分；二次不成功扣 10 分；三次不成功扣 15 分。 2．调试过程中损坏元器件，每只扣 2 分	50		
3	安全文明生产	1．劳动保护用品穿戴整齐。 2．电工工具佩戴齐全。 3．遵守各项安全操作规程。 4．尊重考评员，讲文明礼貌。 5．考试结束要清理现场	1．违反安全文明生产考核要求中的任何一项，扣 1 分。 2．当考评员发现考生有重大人身事故隐患时，要立即予以制止，扣 2～10 分。 3．以上内容从本项目总分中扣除，扣完为止。 4．要求遵守考场纪律，不能出现重大事故。若出现严重违反考场纪律的事项或发生重大事故，则本次技能考核视为不合格			
备注			合计	100		
			考评员签字	年　月　日		

参考文献

[1] 孙世军. 应用电子技术专业技能培训的探索与实践[J]. 丹东师专学报，1997，(S1) .

[2] 夏益民. 电子设计自动化技术发展对电子类专业教学的影响[J]. 广东工业大学学报（社会科学版），2005，(S1) .

[3] 王松武，赵旦峰，于蕾，等. 常用电路模块分析与设计指导（电子电路设计循序渐进系列教程）[M].北京：清华大学出版社，2007.

[4] 王兆晶. 维修电工（中级）（第 2 版）[M]. 北京：机械工业出版社，2013.

[5] 王小祥. 电工基本技能（第 2 版）[M]. 北京：中国劳动社会保障出版社，2013 .

[6] 林嵩. 电气控制线路安装与维修[M]. 北京：中国铁道出版社，2012 .